食料危機という真っ赤な嘘

池田清彦
Kiyohiko Ikeda

ビジネス社

もくじ

序　なぜ日本の「食料危機」はウソだらけなのか

第1章　近い将来、日本は「タンパク源不足」に陥る!?　有事に強い「新・ニッポンの献立」を考える

第2章　遺伝子組み換え作物のススメ

第3章　昆虫食のススメ

第4章　養殖魚・培養肉のススメ

第5章　輸入の前に日本にあるものを食べよう

序

なぜ日本の「食料危機」はウソだらけなのか

食料危機を乗り越えるための「輸入の強化」は仕方がないのか

「食料危機」が叫ばれて久しい。

その最大の理由は、カロリーベースの「食料自給率」が38％（２０２２年度のデータ）と、先進国のカナダ、オーストラリア、アメリカ、フランス、ドイツ、イギリス、イタリア、スイスと比較して最低の水準になっていることだ。

世界で「先進国」と呼ばれる国は、戦争や自然災害という国の危機に備えているので、いざとなった時に国民が飢えないよう、それなりに食料自給率を維持するのが常識だ。

例えば、農林水産省のデータでG７を見ても、２０２０年のアメリカの食料自給率（カロリーベース）は１１５％、カナダは２２１％、フランスは１１７％、ドイツは84％、イタリアは58％、最も低いイギリスでさえ54％くらいある（２０２０年度の日本の食料自給率は37％）。ちなみに、日本より食料自給率が低いのは韓国（34％）と台湾（32％）しかない。こういう国はもし世界的な災害や戦争によって海外から食料が入ってこなくなってしまったら、国民が飢えてしまう恐れがあるってことだ。

カロリーベースの食料自給率は、1人1日あたりの国産供給カロリーを1人1日あたりの供給カロリーで割った値で、「国民に供給される食料のカロリー」に対する「国産で供給できる食料のカロリー」の割合である。2022年度の1人1日あたりの供給カロリーは2260キロカロリーで1人1人あたりの国産供給カロリーは850キロカロリーなので、自給率は37・6%となる。食料自給率にはカロリーベースの他に生産額ベースでの値もあり、これだと日本は58%でそれほど悪くないが、飢えに直面した時に問題となるのは摂取カロリーなので、食料の安全保障を考えた時に重要なのは、もちろんカロリーベースである。

では、この「食料危機」を日本はどう乗り越えていくべきかということなんだけれど、そこでよく言われるのが「輸入に頼らざるを得ない」という意見だ。

日本政府は何十年も前から「食料自給率の向上」を政策に掲げているが、年を追うごとにアップするどころか低下に歯止めがかからない。これは「少子高齢化」もまったく同じである。食料自給率が下がる動きを食い止めることはもはやできないので、それはスパッとあきらめて、「食」のグローバルサプライチェーン(世界的規模で食料の供給システムを構築すること）を強化していく方が現実的な施策だ、という主張のようだ。

仙台名物「牛タン」に象徴される食料危機ニッポン

確かに、今の日本の現実を見ていれば、そのような結論になるのもわかる。肉はもちろん、野菜の多くを海外からの輸入に頼っているのは紛れもない事実で、最近は海洋国家で四方を海に囲まれているにもかかわらず、魚介類まで海外からの輸入に依存している。

スーパーではさすがに国産の魚介類が目につくが、外食産業で使う食材はほとんどアメリカ、中国、カナダ、タイなどの輸入品である。実際、我々日本人の多くが「日本食」だと思っているものも実は「輸入食」だ。

それを象徴するのが仙台名物「牛タン」である。

仙台に行ったら必ず食べるというほど好きな人も多いが、実は仙台で名物として売られている牛タンのほとんどは外国産だ。アメリカ産かオーストラリア産、もしくはニュージランド産である。もちろん、「国産牛タン」もあることはあるが、かなり少ない。なぜかというと、そもそも牛のタン（舌）は他の部位と違って一頭の牛からほんの少ししか取れない希少部位だ。それを仙台だけではなく、日本全国で格安で提供をするなんてことは、輸入品に頼らないとできるわけがない。

この牛タン以外にも、レストラン、居酒屋、ファストフードなど手頃な価格で提供されている食材のほとんどは外国産だ。例えば、野菜炒めなどに使われている野菜は中国から輸入される「冷凍野菜」が圧倒的に多い。中国国内で穫れた野菜を工場でカットしてそのまま冷凍して輸入されているものだ。

居酒屋などによく行く人は、焼き鳥をよく食べるだろうが、そこで「名古屋コーチン」などとうたわれていない限り、その鶏肉はほとんどブラジルあるいはタイから輸入されたものだと思った方がいい。この2国は世界有数の鶏肉生産国で、国内のマクドナルドのチキンナゲットはほとんどタイ産だ。

天ぷら用のキスの開きも、タイ産であることが多い。他にもオーストラリアやベトナム産もある。魚介類といえば他にも中華料理屋では定番メニューであるエビチリに用いられるバナメイエビは、ほとんどがインド、ベトナム、インドネシアで養殖されたものだ。

「輸入に頼らざるを得ない」は日本政府自ら作りだした大ウソ

このような日本の「食」の現実を踏まえれば、多くの人が「輸入」を強化していくしかないと考えるのは当然かもしれない。そこでよく言われるのが、グローバルサプライチェーンの強化という話だ。

今、日本に最も多く食料を輸出しているのはアメリカで次が中国。だからもし、両国と外交関係が悪くなってある日突然、「お前のところに食いものは売らん」と言われたら日本は大打撃だよね。だから、アメリカと中国だけに依存するのではなく、東南アジアや南米など幅広い国から輸入をすることで、リスクを分散させようという考え方だ。

これは悪いことではない。今のままアメリカと中国からの輸入に過度に依存した状況を続けていると、大袈裟な話ではなく、国民の半分くらいは飢え死にする可能性がある。なぜそんなことが言えるのかというと、太平洋戦争中と戦後の「食料不足」を経験しているからだ。

アメリカに戦争で負けて、焼け野原から復興に乗り出した日本では深刻な食料難に陥った。私は1947年生まれなので当時のことは知らないが、親父に食べ物がなくて大変だったという話を聞いている。卵なんか貴重品でぜんぜん手に入らなくて、国民の多くはいつも腹を空かせていて、そこかしこに、野菜泥棒なんかもいたそうだ。実際、当時の新聞は1000万人が餓死するなんて脅すほどだった。

当時、日本は戦勝国のアメリカからかなりの食料援助をしてもらったけれど輸入食品が簡単に入手できるというわけにはいかなかった。そんな深刻な食料不足に陥っていた当時の日本の食料自給率はどれくらいかというと、なんと88％（1946年［昭和21］度）もあったんだよ。これだけ自給率が高いのに、輸入食品が十分に国内に入ってこないだけで、国民の多くは腹を空かせていた。ということは、食料自給率が38％の今、輸入食品が国内に入ってこなくなると、どんな悲惨なことが起きるのかというのは容易に想像できるよね。

だからこそ専門家の多くは、どんな状況になっても分断されないグローバルサプライチェーンを構築することが急務だと説いている。今の日本は「食品の輸入」を続けることが生命線なのでとにかくこれを確保すべきだ、と主張しているんだ。

ただ、残念ながらこれは大きな間違いだ。

そもそもの前提である「日本の食は輸入に頼らざるを得ない」という話がかなりインチキ臭い話というか、大ウソだからだ。

なぜ日本の自給率は38％になったのか

確かに食料自給率がカロリーベースで38％と、致命的にヤバいのは事実だ。しかし、日本の食が「輸入に頼らざるを得ない」から、このような水準になったわけではない。食料自給率38％は日本政府が「輸入に頼る」という愚かな政策を意図的に続けてきた結果なのだ。

つまり、食料自給率38％は「危機」でもなんでもなく、日本政府自ら作った状況なのだ。

これは裏を返せば、この愚かな政策をとっととやめて、１８０度真逆のことをすれば食料自給率なんてすぐに向上するということだ。


じゃあ、この愚かな政策の親玉は何かというと「減反」だ。

減反とは、米価を維持するために、国が米農家に補助金を払って米の過剰生産を抑える制度だ。簡単に言ってしまうと、米が安くならないように政府が米農家に対して「米を作るのをやめなさい、そうしたら補助金をあげるから」とお願いすることだ。この減反政策を日本では1970年から2018年まで、48年間続けてきた。これが、食料自給率が38%まで落ち込むことになった「元凶」だ。減反政策をやめた後も、水田の畑地化への支援制度は続いていて、米の生産量は減少傾向にある。

これは冷静に考えれば誰でもわかるよね。

冒頭で説明したように「食料自給率」とは、国内全体で供給される食料に対する国内で生産した食料の割合を示している。自給率が100%以上の国は、供給される食料より生産される食料の方が多いってことだ。

では、供給される食料は戦後から現代までどうなっていったかというと、戦後から人口も増えて生活も豊かになったので、国内で供給される食料は徐々に増えていった。

一方、1970年以降、これまで米をたくさん作っていた日本全国の米農家が補助金をもらって米を作らなくなり、国内の生産量は減っていった。

食料の供給量が増えて、国内生産量が減れば、食料自給率は激減していくというのは中学生でもわかる理屈だよね。

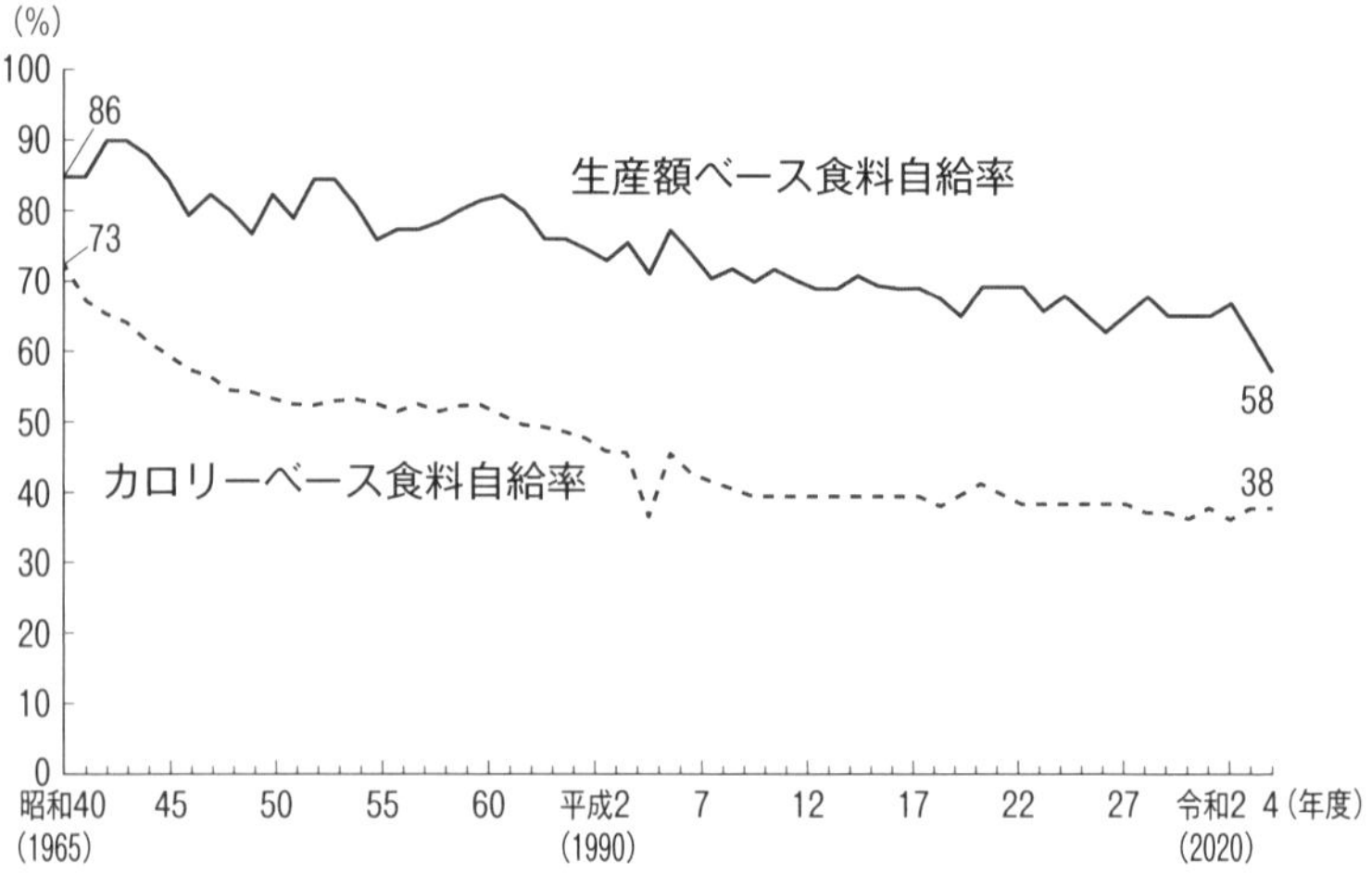

日本の食料自給率（農林水産省 HP）

減反が影響していることは数字にも表れている。さっき食料不足の１９４６年でも食料自給率は88％もあったと言ったが、高度経済成長期で輸入食品が増えてきた１９６５年でもカロリーベースで73％はあったんだ。それが、１９７０年に減反政策がスタートした途端に自給率はガクンと低下して、１９７０年60％、１９８５年には53％、１９９０年には48％、２０００年にはついに40％まで落ち込んだ。

つまり、日本の食料自給率がここまで壊滅的なまでに低下してしまったのは、政府が48年間にわたって税金を投入しながら、米農家に「米を作らないでください」とお願いしてきた結果だ。

日本政府は本気で自給率を上げようとしていない!?

当たり前だけれど、世界でこんな愚かな政策をとっている国は他にない。農業生産者は作物を作ることが仕事だ。国内でたくさん作れば、海外に輸出すればいいだけの話だ。だから、ＥＵなんかでは農家がたくさん作った小麦などの穀物の輸出支援をしている。

しかし、日本の場合はそういうことに税金を費やさず、補助金を用いて「農家に米を作らせない」というかなり異常なことをやり続けてきた。

そこで次に皆さんが気になるのは、日本政府はなんで減反なんて愚かなことを続けてきたのかということだよね。

よく言われるのは、「農業保護」と「食料自給率アップのため」というやつだ。米が安くなると、農家が儲からないから廃業をする農家も増えてしまう。それでは米の生産体制が弱体化して食料自給率も低下してしまう、なんてことがよく言われたんだけど、さっきも述べたようにこれはまったく逆だよね。

じゃあ、なんで当時の政府や政治家はこんな支離滅裂な理屈を述べていたのかというと、「減反政策の本当の目的」がバレないようにするためだよ。それは何かというと、ズバリ「選挙」のためだ。

もともと自民党は「農村票」で大きくなった政党で農協なんかと結託することが当たり前だった。票を取りまとめてくれるからね。もちろん、農家側もそこまで応援をするには見返りがないといけない。それが「減反」だ。

国民にとって減反は食料自給率を低下させる愚策だけれど、一部の農家にとってはこれほどありがたい政策はなかった。米の価格は高いままでキープできるだけではなく、米を作らないで税金がもらえたんだからね。

一応転作して他の作物を作るという建前なんだけれど、それで儲けなくても補助金がもらえるので、真面目に農業をやる気が失せた人も多かったろう。それで水稲の作付面積は、減反が始まる前に317万ha《ヘクタール》だったものが、2020年には146万haまで減少した。

生産量も、1967年の1426万t《トン》をピークに2020年は776tまで減少した。米の生産量を減反前までに戻せば650万tの米が増産できる。すると、国産供給カロリーがざっと計算すると1・55倍に増え、自給率は58・5%まで上昇する。

政治家は自分たちさえよければ国民が飢えてもいい

こういう話をすると、「いくら日本の政治家が腐っていたとしても、票欲しさに日本国民が飢える恐れのあるような政策を進めるわけがない」と、にわかに信じられない人もいるだろうね。しかし、そういうまともな判断ができなくなってしまうほど、かつては日本の農家の力が強かった。

稲作って単純に言うと、実はそんなに金がかからない。米は他の作物よりも案外、安く作ることができる。そうなると、田んぼをたくさん持っている地主はかなり儲かる。

そうやって「豪農」になった人たちがいかに金を持っているかというのは、農林中央金庫を見れば明らかだ。これはメガバンクなどと違い、基本的には農協の組合員のための金融機関なんだけど、貯金量は100兆円規模で個人預貯金の国内シェアの約10%を占めている。

そんな地方の豪農にベッタリだったのが自民党だ。

金もあるし、農村票の取りまとめもやってくれる豪農に支えられて、かつての自民党政治家たちは国政に送り込まれていた。そうなると当然、その政治家たちは国会で自分を支えてくれる最大のスポンサーである「豪農」を利するような政策を進めていく。そのひとつが「減反」だったわけだ。

政治家というのは、どんなに偉そうなことを言ったところで選挙に落ちればただの人だから、とにもかくにも「票」を集めないといけない。日本の政治家が、自国民が飢える恐れがあるような愚かな政策を進めるわけがないって思うかもしれないけれど、ミもフタもない言い方をすると、「自分たちのため」にはなんでもするのが政治家なんだよね。農協の集票力にかげりが見えてきた2018年に減反政策が廃止になったのは象徴的だ。

日本の食料自給率の低さはアメリカの余剰作物のはけ口だから!?

さて、「輸入に頼らざるを得ない食料危機」というのが、政府や政治家自身がつくり出してきたインチキ話だということがわかってきてもらえたと思うけれど、じゃあどうすればいいのか。

まずはさっきから言っているように、減反政策の逆をやる。つまり、国をあげて米の生産を増やしていく。これまで減反で放棄してきた田んぼをどんどん活用して、生産量を上げていく。

そして、自国民で食べきれないほど生産したら、政府が買い取るなり補助金をつけるなりして生産コストよりも安くてもよいから海外へと輸出をしていけばいい。

余剰穀物の輸出の推進は多くの国がやっている政策だ。なぜかというと、戦争や災害などで自国民が飢えないようにするための「食料安全保障」の観点からも、これがベストな選択だからだ。

それはアメリカを見ればよくわかるよ。あの国では牛肉やトウモロコシを国内だけでは消費できないほど生産している。だから、アメリカの食料自給率は115%。じゃあ、アメリカ政府は畜産農家やトウモロコシ農家を「保護」するという名目で、税金を払って生産調整をさせるかというと、そんな愚かなことはしない。作りすぎた食料は、日本のようなよその国へと輸出をしている。

「食料輸出」の最大の利点は、いざとなればこれが自国民の食料になるってことだ。

これはいくら強調しても強調しすぎない論点だ。

例えば、戦争や自然災害で、アメリカ国内の畜産業や農業が大打撃を受けて、生産量が低下したとする。国民が飢えないためにはどうするのかというと、アメリカ政府が緊急事態宣言とかを出して輸出を規制すればいい。つまり、日本などのよその国へ輸出していた食料を自国民の方に回せばいいんだよ。

もちろん日本は、そんなことをされたらこれまでアメリカからの輸入食料に依存をしていたわけだから大パニックだ。しかし、いくら同盟国だなんだと言っても、アメリカだって自国民の命が一番大事だから日本に食料は渡せないとなるよね。

「食料の輸出」に力を入れることがすなわち、自国民を飢えから救うということがわかってもらえただろうか。

アメリカからすれば、作りすぎた牛肉やトウモロコシを押し付けられる日本のような国は、食料安全保障上極めてありがたい存在だ。うがった見方をすれば、日本の政治家が食料自給率をここまで低下させたのは、アメリカの「食料安全保障」の戦略の片棒を担がされたからかもしれない。

実は地球上には世界人口2倍強分の食料がある

このような安全保障的なメリットに加えて、日本が「米の輸出」に力を入れるべきなのは、これがシンプルに「売れる」ということもあるんだ。

日本の米は品質が高いので、買う国なんていくらでもある。

例えば、隣の中国では米の消費量は右肩上がりで増えていて、今では年間で1・4億t近くに上るという。日本の約20倍だ。しかも、以前は長粒米（インディカ米）が主に食べられていたが、短粒米（ジャポニカ米）も人気になってきているので、日本から輸出するチャンスは増大するだろう。

また、米食という文化がないような国でも炊飯のやり方を宣伝して広めていけばいい。それが日本文化の発信や国際交流にもつながっていくはずだ。

そこに加えて、日本が「米の輸出」に力を入れるべきなのは、これが世界の食料問題に貢献できるからだ。

農家に補助金を渡して米を作るなと命じたり、レストランや居酒屋で毎日大量の食べ残しが出て、コンビニやスーパーで消費期限切れの弁当やおにぎりが廃棄処分にされたりするこの国では、あまりピンとこないかもしれないが、実は世界には深刻な食料不足に陥っている国が山ほどある。

と言っても、これは世界の食料の量が足りていないっていう話じゃない。

今、世界では年間に26~27億tぐらい穀物生産量がある。そこに野菜が11億tぐらいあるから、合わせると農作物だけでも37~38億tあるんだよ。そこに加えて、魚は年間2・1億tくらいだから、肉を入れなくても世界では年間40億tくらいあるわけだ。

それをすべて世界人口の80億人で均等に分けたとしたら、日本人が1人あたり年間で摂取するカロリーの2倍以上になる。つまり、理屈のうえでは、人類が誰も飢えることなく生きられる食料があるんだよ。

これは、農業技術が格段に進歩したことが大きい。世界の耕地面積はほとんど増えてないにもかかわらず、穀物生産量は20世紀に入ってからものすごい勢いで増えていて、6倍くらいになっている。インドなんかでもここ半世紀で3倍以上に増えている。これは主に技術が進歩したからだ。

核融合でエネルギー問題が解決したら食料が最大の問題になる

そうなると、この先も技術が進めば穀物生産量はどんどん増えていくのかというとそんなことはない。

地球上のあらゆる植物、動物は太陽や水を必要としている。この太陽エネルギーや水というのは無限にあるものではなくて「上限」があるから、植物や動物の数にも「上限」がある。どんなに技術が進んで効率的に穀物などを生産できるようになったとしても、地球上で生産できる量には「上限」がある。つまり、この地球上の限りある食料を、80億の人類とその他の生物の間で奪い合っているというのが現実なんだ。

そして、この奪い合いは実はエネルギーについても言える。

私たちが利用しているエネルギーにはすべて「上限」がある。太陽光、風力、水力などはすべて太陽の活動に依存している。

また、化石燃料や原発を動かすためのウランにも採掘可能な年数に限度がある。「地熱」に関しては潜在能力のごく一部しか利用されていないが、利用可能なエネルギー量にはもちろん限度がある。

このように「上限」があるエネルギーを奪い合うために、世界では戦争があるし、西側諸国は「ＳＤＧｓ（持続可能な開発目標）」とか言いだして、石油産出国の力をそごうとしている。つまり、人類は基本的に、食料とエネルギーの奪い合いをしているということなんだよね。

ただ、技術の進歩によって、エネルギーの奪い合いはなくなっていくかもしれない。「核融合」という技術を確立することができれば、これは太陽を技術で生み出すようなものなので、世界のエネルギー問題は一気に解決されるはずだ。後述するように、将来的には核融合を使って食料を作れるようになるかもしれないが、そう簡単にはいかないだろう。

ということは、人類にとって「限りある食料の奪い合い」は当分続くということだ。

ウクライナ戦争による輸入飼料価格高騰の日本への影響

では、今の世界でどんな状況になったら、「限りある食料の奪い合い」が熾烈になってしまうのか。まず真っ先に思い浮かぶのはやはり「戦争」だ。

戦争を継続するのに兵器などと同じくらい重要なのが、エネルギーと食料だ。

ロシアが1年半を経過してもまだあの不毛な戦争を続けられているのは、エネルギー自給率が200％近くあり、それを海外に売って戦費を調達しているのと、食料自給率が高いからだ。

そして戦争の恐ろしいところは、戦争をしていない他の国にまで悪影響を及ぼすことだ。グローバルサプライチェーンという言葉が示すように今、世界はすべてつながっている。だから、どこかの国で戦争が起きると、世界の食料価格に影響が及ぶ。

例えば今、酪農家は経営危機で廃業に追い込まれているが、これはウクライナ危機などの影響で、トウモロコシを主原料とする配合飼料が値上がりしたからである。

こういう食料価格の高騰に加えて、「奪い合い」には為替も関わってくる。

日本の場合、今、円がものすごく安くなっているので、輸入食品が他国に買い負けてしまう場合がある。今は輸入牛肉に代表されるように、国産よりも輸入品が安くなっているけれど、このまま円安が進んでいったら輸入品の方が高くなる可能性もある。

このように「限りある食料の奪い合い」は今も既に始まっているんだけれど、日本の場合は「戦争」「食料価格の高騰」「円安」などの「有事」が起きる前に、深刻な事態になる恐れがある。

それは南海トラフ巨大地震と富士山の噴火だ。

有事は戦争だけとは限らない：自然災害で日本は飢える

南海トラフ巨大地震に関して言えば、この30年以内にマグニチュード8～9クラスの地震が発生する確率は70～80％と言われており、専門家の中では２０３８年が一番リスクが高いという話もある。

南海トラフとは、駿河湾から遠州灘、熊野灘、紀伊半島の南側の海域および土佐湾を経て日向灘沖までのフィリピン海プレートとユーラシアプレートが接する海底の溝状の地形を形成する区域を指す。

南海トラフ巨大地震では、地震が起きると地面が隆起して、それがまた時間をかけて戻って元のところまでくると再び巨大地震が起きる、というかなり正確なサイクルがあることがわかっている。

前回の南海トラフ巨大地震は1946年に起きた（昭和南海地震）。その時、1m15㎝隆起して徐々に戻ってきたんだけれど、それがちょうど元に戻るのが2038年ということだ。

いずれにせよ、この巨大地震が近いうちにくることは間違いない。そして、それに誘発される形で富士山も噴火するとも言われている。

1707年、江戸時代に起きた南海トラフ巨大地震（宝永地震）の時、49日後に富士山が噴火活動を始めている。これは地震の巣であるプレート境界のメカニズム的にはかなりの確率で起こることらしい。

さて、こういう自然災害が発生して日本はどうなるのかというと、都市部の人々が深刻な食料不足に陥る。

まず、南海トラフ巨大地震が起きると、日本の太平洋沿岸の流通は壊滅的な被害を受けるだろう。名古屋、大阪、神戸などの港も機能停止に陥るので、輸入食品がスムーズに入ってこない可能性がある。地方都市はまだ米や野菜などがあるのでしばらくしのげるだろうが、東京などは1400万人も人がいて食料自給率は1％もなく、四捨五入すると0％だ。コンビニやスーパーの棚が空になったら、多くの人が食料を確保できなくなる。

「その前に自衛隊や、日本海側から救助が来るのでは？」と思うかもしれないが、もしそこで富士山が噴火していたらそれも絶望的だ。

火山灰が降り積もると道路も鉄道も使えなくなってしまう。火山灰は自然には溶けないので、これを除去するには時間と手間がかかり、流通はストップする。

江戸時代の宝永大噴火の記録では、江戸まで火山灰が飛んできて5㎝積もったという。もし現代でそれと同じ規模の噴火が起きたら、自動車や電車は動かないし、もちろん飛行機も飛ばない。スマホなども使えないので、都市機能が完全に麻痺をするだけではなく、そこで生活している人々は飢えたまま完全に孤立をしてしまうだろう。

畑地化ではなく備蓄米作りに補助金を出すべき

そういう食料問題が控えている以上、自分でも少なくとも1か月分ぐらいの水と食料を貯めておかなければいけないよね。火山灰が降り積もっていたとしても、1か月ぐらいすれば主要の道路だけでも復旧して、食料が運ばれてくると思う。

そして、「餓死しない食料」を確保するということで言うと、やっぱり米なんだよね。肉なんか食べなくても死ぬわけじゃない。昔の日本人は肉なんか食べてないし、水と米があればしばらくは食いつなぐことができる。電気が止まって冷蔵庫が使えないと肉は腐る。そういう「備蓄」をするために、米をたくさん作るべきだ。米は作れば作るほど災害の備蓄になる。それでも余裕があるのならばやはり政府が買い上げて、食料不足の国に安く提供すればいい。米農家は買い叩かれなければいいわけだから、最終的にどこに売ろうとも関係ない。

しかも、それが結果的に「農業保護」にもなる。

農家だって自分が一生懸命作った米を誰かが食べてくれるなら、役に立つからやりがいがある。それを金だけポンと渡されて、「米を作るな」って言われたらやる気を失うよ。そういう親の姿を見て育った子どもたちは、米作りに誇りも持てないから、家業を継がないでサラリーマンになっちゃうだろう。

減反の補助金は食料自給率アップにもならないし、農家のモチベーションを下げて農業を衰退させるだけの死に銭だったわけだ。

しかし、米作りを支援する補助金は、食料自給率アップにもなるし、農家を元気にもする。いいことずくめだ。

こういう政策を本気で進めれば、食料自給率を1965年当時の73%に近づけることも不可能じゃない。

実際、日本にはこれまでの減反で放棄した田んぼがいっぱいあるわけだから、それを徐々に元に戻していくだけでいい。後継者がいないという話もあるが、今は農業法人もあるのでそこに委託をすれば、いくらでも代わりに米を作ってくれる人はいるだろう。

世界のトウモロコシ生産量の63％は飼料

ここまで読んでもらうと、「輸入に頼らざるを得ない食料危機」というのが真っ赤な嘘であり、38％という致命的に低い食料自給率をアップすることも実はそれほど難しい話ではないということがよくわかってもらえたと思う。

ただ、いくら米の生産を増やしても、ひとつだけ日本人に不足してしまう食物がある。それは「肉」だ。

さっき説明したように、戦争や自然災害などの「有事」が起きたら、アメリカやオーストラリアは日本への輸入に回していた牛肉を自国民用の食料にする。穀物価格も上がるので、肉は高級品になる。そうなると、多くの日本人のタンパク源がなくなってしまう。

しかも、実は「肉」は最もエコロジカルでない食料だ。そもそも「肉食」というのは、地球の食料を均等にシェアすることを妨げていると言ってもいい。なぜかというと、「穀物」の多くを家畜の餌にしてしまうからだ。例えば、トウモロコシはほとんど人間の食料になっていない。世界のトウモロコシ生産量11億ｔの63％が家畜の飼料になっていると言われている（２０２０年度）。

もちろん、家畜なのだから最終的には、肉や卵というタンパク質になって人間の腹の中に入っているわけだけれど、問題はその効率の悪さだ。

よく言われるのは、牛肉１kgを作るのに飼料は10kg必要。高級和牛なら20kg。つまり、豊かな国の人たちが格安でステーキを食べられるようになっているのは、貧しい国の人たちの肉を奪っているだけではなく、彼らが食料にしようとしている穀物を奪ってしまっている側面もあるのだ。

つまり、「限りある食料の奪い合い」の代表が肉なのだ。これを海外に依存している日本は、何かのきっかけで肉不足、つまりは深刻なタンパク源不足に陥る可能性が高い。

「だったら日本は海に囲まれているんだから魚を獲ればいい」と思うだろうが、日本の漁獲量は１９８４年の１２８２万ｔがピークでそこからどんどん減っていって、２０２０年にはなんと４２１万ｔと、３分の１ぐらいに減っている。

つまり、輸入食品が打ち切られた場合、日本人全員がタンパク質を魚から摂るのは不可能なんだよ。

実はこれが本書の大きなテーマのひとつだ。

今叫ばれている「輸入に頼らざるを得ない食料危機」というのは大ウソだ。本当の日本の食料危機とは、肉も魚もない中でどうやってタンパク質を摂取するのか、ということである。そこで浮かび上がるのが、最近何かと批判をされている「昆虫食」だ。

「気持ち悪い」と言って生理的に嫌がられることの多い昆虫食だが、実は昆虫は日本の食料自給率を上げて、効率的にタンパク質が摂れる食料だ。本書ではこのような今はマイナーな話から、通説のウソまで、幅広く紹介していきたい。

本書が巷に溢れる「食料危機という真っ赤な嘘」から皆さんの目を覚ますことができれば、これほど嬉しいことはない。

第1章

近い将来、日本は「タンパク源不足」に陥る!?
有事に強い「新・ニッポンの献立」を考える

「タンパク源の自給自足」の方が日本の喫緊の課題

「日本は食料自給率38％という危機的状況なので輸入に頼らざるを得ない」。

そんな話がインチキだということが、ここまで読んだだけでもよくわかってもらえたと思う。

ここまで食料自給率が惨めな数字となったのは日本の政治家が「選挙対策」として意図的に「米を作らせない」という愚策を続けてきた結果なので、それをやめれば自給率はすぐに上向きになる。日本の本当の「食料危機」というのはカロリーベースの自給率の低さじゃなくて別にある。

それが「タンパク源不足」だ。

日本国内で消費される牛肉、豚肉、鶏肉はかなり輸入に依存している。それらの生産国で何か有事が発生し食料が不足すれば、自国民を飢えさせないように、日本への輸出はストップされるだろう。そうなると、日本は深刻な肉不足、つまり日本人はタンパク源不足になってしまう。

つまり、これからの日本人が本当に力を入れなくてはいけない問題は、流動的な世界情勢の中で「有事」が起きた際に、1億2000万人分のタンパク源をどうやって確保するかということだ。

と言っても、それは「アメリカや中国がダメだからブラジルから輸入しよう」という方向で考えてはダメだよね。食料は平時はともかく、有事の際には自国で自給できるシステムを構築しておくことが重要だ。なぜかというと、多少コストがかかってもそれが一番「安全」だからだ。

食料の輸入先をどれだけ広げても、今の世界では何が起きるかわからない。戦争もあれば自然災害もある。そういう時、結局は自分の国が一番大切なので、日本にタンパク源をシェアしてくれるなんてありそうにない。そういう最悪の事態に備えるためにも、「タンパク源の自給自足」は早急に取り組まないといけない課題である。

今の日本の現実的な「タンパク源の自給自足」対策は？

今の日本で「タンパク源の自給自足」を実現しようと考えた時に、現実的に何ができるのかを考えていこう。

米のように日本国内でもどんどん増産をすればいいと思うかもしれないが、これの一番のネックは序の最後に述べたように「飼料」だ。

肉を1kg生産するには、それ以上多くの餌が必要だ。日本ではその多くを「輸入」に頼っている。つまり、国産肉を作ろうと力を入れれば入れるほど、輸入穀物への依存を深めていくことになる。したがって、肉と同じく、飼料の輸入を打ち切られたらすぐに窮地に陥るだろう。

もちろん、そういう問題をクリアする方法がまったくないわけじゃない。代表的なものが「国産飼料」だ。もし今の倍くらい米が生産できれば、政府が買い上げて輸入や備蓄に回すような形で家畜の餌にも回せばいい。要は米の価格を下げなければいいわけだから、補助金をつけて輸出しようが備蓄しようが家畜の餌にしようがかまわないわけだ。

国産飼料を用いて国産肉を作るとなった時に有力なのは鶏だ。理由は「コストパフォーマンスがいい」からだ。

牛の場合、生体1kgを作るのに飼料は10kgもいる。豚は5kgだ。しかし、鶏は2・5kgで、しかも雌鶏は卵も生んでくれる。非常にコストパフォーマンスのいい家畜だ。

そういう意味では、昔の田舎の家で鶏を飼っていたのは理にかなっていた。「国産飼料」の少ない日本のタンパク質の補給源として、鶏は最適だ。

鶏と並んでコストパフォーマンスがいいのは魚だ。

養殖魚では生体1kg作るのに必要な飼料は3kgなので、こちらもかなりコストパフォーマンスがいい。つまり、今の日本で「タンパク源の自給自足」を進めていこうと思ったら、まずは養鶏と魚の養殖に力を入れるべきということだね。

世界の漁業の主流は「海で獲る」から「養殖」へ

特に魚の養殖にはまだ大きなポテンシャルがある。というのも、実は日本は「漁業大国」

なんて呼ばれた時代もあったわりに、魚の養殖率がまだかなり低い。

日本では「漁業」と聞くと、漁師が船に乗って沖合や遠洋で魚を獲ってくるというイメージを思い浮かべる人が多いだろうが、実は世界的に見るとそれはかなり時代遅れで、漁業の主流は「養殖」へと移っている。

今、全世界で養殖を含めた魚の生産量（漁獲量プラス養殖収獲量）は2億1400万tだけれど、1990年には9000万tくらいだった。それが30年経って倍以上になっている。

漁場で獲れた魚の量は頭打ちで、増えた分は養殖だ。30年前から養殖の技術が向上して、今や生産量の半分以上は養殖である。

この世界の潮流に日本は乗り遅れて養殖収獲量の割合は生産量の4分の1くらいだ。もともと外洋の魚をたくさん獲って食べているという特殊な国だったからだ。

例えば、日本が世界で最も魚を獲る国だった1984年の漁獲量は1282万tだけれど、その時の世界の漁獲量は6000万tぐらいだから、日本がかなりの割合を獲っていた。外洋の魚は基本的には「獲ったもん勝ち」という世界だから、日本くらい一生懸命に魚を獲る国が少なかった当時は日本の独壇場だったんだね。

しかし、そこに中国が入ってきた。

日本は漁業人口の減少などでどんどん漁獲量が減って、一方で中国の漁獲量は増大していった。中国の場合、養殖もしているから今や「世界一の漁業大国」だ。日本は11位である（2021年）。

このように日本は長く魚を外洋で獲ってきたから、まだそういうスタイルから脱却ができていない。しかし、外洋で魚を獲ってくるやり方は正直、これからは厳しい。

まず、ひとつは「競争」が激しくなる。

特に日本は隣に中国がいて、太平洋の北西部、中西部の漁場ではロシア、フィリピン、韓国、台湾などと競争になる。

そこに加えて、「水産資源の減少」ということもある。

日本近海だけを見ても明らかに50年前に比べて漁獲量は落ちている。ちょっと前に中国産アサリの偽装が問題になったけれど、昔はアサリなんて日本中で普通に獲れた。

また、マグロでもサンマでもアジでもサバでも獲りづらくなっているから、みんな高いよね。私が若い時はサンマやサバなんて100円もしない安い魚の代名詞だったけれど、今はどんどん価格が上がっている。

「サバの腹を借りてマグロの赤ちゃんを産ませる技術」が世界を変える?

では、「タンパク源の自給自足」を目指す日本は、一体どんな水産資源の養殖に力を入れていけばいいのか。

まず、みんなが思い浮かべるのは「人気のある魚」だろう。

つまりはマグロとかブリだよね。

ブリに関しては、もう既に鹿児島、大分、愛媛辺りで養殖している人が多く、天然ものより生産量が多いので、これはこのまま力を入れていけばいいけれど、実はマグロはちょっと難しい。

マグロはむちゃくちゃ体が大きくならないと卵を産まないうえ、稚魚がすぐに死んでしまう。「完全養殖」(飼育下で卵から成魚まで継代養殖する)をするのはなかなか大変で、近畿大学が長年研究して、どうにかクロマグロの完全養殖にこぎつけたというくらいなもので、全国の漁師が手軽にできるようなものではない。

だから今、普通「養殖マグロ」と呼ばれているものはいわゆる「蓄養」という方法で、外洋でマグロの子どもを獲ってきて、それを養魚場で大きくなるまで成長させているというものだ。だから、「獲る」「運ぶ」「餌をあげて育てる」ということでかなりコストもかかるし、稚魚を大量に獲るので資源保護的にも問題がある。

もちろん、これも技術の進歩で変わっていく可能性もある。それが東京海洋大学の吉崎悟朗さんが研究している、サバにマグロを産ませるという方法だ。

マグロの体内には、将来、マグロの卵や精子を造るもとになる始原生殖細胞がある。これをサバの体内に移植することによって、サバの卵巣にマグロの卵が、サバの精巣にマグロの精子ができる。この精子と卵を合体させると、マグロの受精卵ができ、そこからマグロの赤ちゃんが生まれるという理屈だ。

要するに、サバの腹を借りてマグロの卵と精子を育てようという研究だ。

これが成功すればマグロの完全養殖の道が低コストで開けるかもしれない。クロマグロは１００kg近くにならないと卵を産まないが、サバという魚はそんなに大きくならないから３００gくらいに成長すれば性成熟して卵を産むので、完全養殖しやすいだろう。

うまくいけば、世界で今問題になっている、天然クロマグロが絶滅の恐れにあるということも解決できるし、今よりももっと安くマグロが食べられる。

ウナギの赤ちゃんが食べているものがわかれば完全養殖も可能に

さて、水産資源の養殖に力を入れようと考えた時に、多くの日本人が思い浮かべる「人気のある魚」のひとつは、ウナギではないだろうか。

ただ、残念ながらウナギもマグロ同様、現時点では「完全養殖」は難しい。

ウナギの場合、卵を産ませるところまではできるが、生まれた「レプトセファルス」という幼生は飼育下では死亡率が極めて高く、そこからシラスという稚魚にまで成長をさせることが困難なのだ。

だから今、我々が食べている「養殖ウナギ」はマグロと同じ「蓄養」だ。海でそれなりに大きくなったシラスを獲ってきて、それを養殖池に入れてウナギにしている。

ただ、最新の研究で、日本で獲れる「ニホンウナギ」の産卵場所は、日本から2500km以上離れたフィリピン近海のマリアナ海溝付近の海嶺じゃないかということがわかってきた。

日本の河川にいるウナギは産卵時期になるとここに集まって卵を生むんじゃないかと言われている。だから、ヤマメやイワナは河川ごと、遺伝的に微妙に異なる個体群だが、ウナギはどこの河川のものも同一の個体群に属するのだ。

産卵場所はわかったが、餌がまだよくわからない。有力な候補は「マリンスノー」だ。マリンスノーとは海中を上から下へと沈んでいく、植物プランクトンや動物プランクトンなどの生物の死骸や排泄物などの分解途中の有機物のことで、潜水艦などから見ると、まるで深海に雪が降っているように見えるのでこう呼ばれている。卵からかえったウナギの幼生はこのマリンスノーを食べているんじゃないか、という仮説が唱えられている。

もしこれが正しいなら、マリンスノーの成分を分析して、似たような餌を与えれば幼生をシラスにまで育てられるかもしれない。そうなれば、ウナギの完全養殖も成功をするわけなので、国産ウナギももっと安くなるだろう。

「淡水魚の養殖」で「タンパク源の自給自足」は可能になる

このようにマグロやウナギという「人気のある魚」の完全養殖も、技術の進歩でかなりいいところまで進んでいる。ただ、やはりまだ研究中ということもあるので、すぐに実用化して日本中に広めていくということは現実的には難しい。

しかし、序の最後でも触れたように、日本では近未来に南海トラフ巨大地震や富士山の噴火などが起きる確率が高いので、早急に「タンパク源の自給自足」を進めなくてはいけない。

つまり、今すぐに、手軽に、そしてコストをかけずにできる水産資源の養殖をしなくちゃいけないいってことだ。

そこで私がいいと思っているのが、実は「淡水魚の養殖」なんだよね。マグロやブリの養魚場は基本的に海に作らないといけないいし、稚魚を育てるのに神経を使うなど、かなり手間暇がかかる。でも、淡水魚の場合、ちょっとした川や湖みたいなところに養殖池を作って放流しておけば勝手に増えてくれるので非常に手軽だ。じゃあ、その淡水魚は何かというと、アユとかヤマメとかニジマスという川魚だね。

観光地で売っているアユの塩焼きはみんな養殖だし、川魚を増やすのはそれほど難しくない。日本はどこに行っても川が流れているので、そういうところに囲いを作って養殖池にすればいい。それぞれの地域でこれらの川魚を養殖すれば、かなり安定したタンパク源になる。

そこに加えて、意外な淡水魚が実は養殖に向いている。それはブラックバスだ。

ブラックバスは意外とうまい

ブラックバスと聞くと「外来種」「生態系を壊す害魚」なんて言葉が思い浮かぶ人も多いだろうけれど、実はブラックバス自体が今かなり減っている。

茨城の霞ヶ浦など、かつてはブラックバス釣りのメッカだったけれど、今はほとんど釣れない。なぜ減っているのかというと、鵜の餌になっているんだよ。

実は私は、日本釣り振興会という団体の評議員をしているんだけど、釣り人の間で、鵜が魚をたくさん獲って困るという話が出ている。それで実際、カワウを捕まえてお腹の中を調べたら、一番多いのはヘラブナで、次はなんとブラックバスだった。

そんな減少傾向のブラックバスだけれど、実はスズキに似た味で、それなりにうまいことで知られている。

淡水魚は泥臭いという悪いイメージもあるかもしれないけれど、ちゃんとした下処理をすれば臭みなくムニエルとか唐揚げにしても美味しい。実際、琵琶湖の周りでは、ブラックバスを食べさせてくれる店がある。

なんでこのブラックバスが養殖に向いているのかというと、外国から日本に持ち込んで放流したらすぐに日本中で増えたように、すぐに大きくなって増えるからだ。養殖池を作って量産すれば「タンパク源の自給自足」としてはうってつけだ。


ただひとつ、これらの「淡水魚の養殖」には大きな問題がある。それは今の日本人にそれほど人気がないということだ。

アユだってたまにスーパーで売っているけれど、マグロやウナギみたいな価格では売れない。売れないということはあまり儲からないってことなので、大量に養殖すると売れ残る。ということは、日本に何か有事が起きた際に備えて、平時から大量生産ができないってことだ。

日本人の意識が変わって、アユやニジマスをマグロくらい気に入って食べるようになれば、「タンパク源の自給自足」として淡水魚ほど適したものはない。しかし、これもやはり現時点ではちょっと難しいかもしれないな。

最もコスパのいいタンパク源は「昆虫」

日本が直面している「タンパク源の自給自足」という課題を解決するために、養鶏と魚の養殖が大きな役割を果たしていくことは間違いないだろう。

ただやはり現時点では飼料などのコストの問題や技術的な問題もあって、「日本の全国民が飢えないほど大量生産できるタンパク源」という条件をクリアすることはできない。

そう聞くと、「やっぱり足りない部分のタンパク源は海外から輸入するしかない」と思うかもしれないが、実はひとつだけその条件に合致する食料がある。

それはこれまで紹介してきたどの食料よりも餌や水などのコストがかからない。また、牛の牧草地や、巨大なマグロの養魚場などのような広大な場所も必要としない。しかも、繁殖力が凄まじいので本気で養殖をすれば、日本人全員が必要なタンパク質を簡単に摂取できる。

そんな夢のような食料とはズバリ、「昆虫」だ。

例えば、コオロギなんかはめちゃくちゃコスパがいい。詳しくは後で解説するが、養鶏ほど飼料も場所も手間もかからない。ただ放っておくだけで、かなり簡単に、そしてかなり安価に、日本人全員が必要なタンパク源を生産することができるのだ。

「冗談じゃない、虫なんて食べるくらいだったら死ぬ方がマシだ」という人も多いだろう。でも、もしも実際に餓死寸前まで追いつめられたら日本人の9割はコオロギを食べると思うよ。後で詳しく説明をするけれど、実際、戦争中に飢えた日本人は虫を食べていたし、ジャングルで死にそうになった日本兵などでイモムシとかを食べて、何とか生きながらえたという人がたくさんいる。

しかも、「虫」のイメージから「食べたくない」という話になっているけれど、実際に食べると、そんなにまずいものじゃないよ。

なぜ昆虫食に過剰反応する日本人が多いのか

私の友人で岡山でコオロギを養殖して販売している人がいるんだけれど、その会社の名前は「陸《おか》えびJAPAN」。つまり、コオロギはエビみたいな味がするんだ。

実際に私の周りの人も食べてみたら「普通にサクサクしてうまい」なんて言っていた。

しかも、コオロギは栄養がすごくある。タンパク質やオメガ3脂肪酸、必須アミノ酸BCAA（バリン、ロイシン、イソロイシン）を豊富にバランスよく含み、ビタミン、ミネラル、亜鉛、鉄分、カルシウム、マグネシウム、腸内環境の改善とデトックスに効果があると言われるキチン質という食物繊維も含まれ、体に必要な栄養素がバランスよく含有されている。それで、食べられるところが１００％。エビやカニのように硬い殻があるわけじゃない。

と言ったところで、やっぱりどうしても気持ち悪いって思う人も多いよね。だから、そういう人たちのために虫の姿形を変えるという方法がある。例えば、コオロギを粉末にした「コオロギパウダー」として売っている業者もあるし、先ほどの「陸えびJAPAN」ではコオロギパウダーを使ってバタークッキーやグラノーラというシリアルにして売っている。

ただ、そういう食べやすい形にしても、絶対に昆虫食なんて認めないという人もいる。わかりやすいのがちょっと前にあった徳島県の小松島西高校でコオロギパウダーを使った給食が提供されたというニュースに端を発した「炎上騒動」だ。

コオロギの安全性やアレルギー対策はどうだとか、子どもの給食に出したことで、何かしらの思想や政治的意図が関係しているのではないかとうがった見方をする人が、昆虫食を猛烈に批判している。

実はあれは徳島大学発の昆虫食ベンチャー「グリラス」というところが援助をしたもので、コオロギパウダーを使った料理を希望者に食べてもらっただけだ。それがいつの間にか給食で子どもたちに虫を食べさせたという、かなり盛った話にされて、それを一部の人たちが大騒ぎをしたというのが本当のところだ。

だから、私から言わせると、そういう批判をしている人たちの方が、何かしらの思想や政治的意図があるんじゃないかと思うよね。日本と世界が置かれた状況を素直に見れば、昆虫食という選択肢も検討すべきだって話なだけで、そこまで嫌な人は食べなければいいだけなのに、昆虫食を禁止したいという偏屈な人が世の中にはいるわけだ。

有事に食料輸入ゼロになっても安心な備えを考えよう

これだけ昆虫食を否定したい人がいるわけだから、やっぱり昆虫食は現実的ではないんじゃないのか、という意見も当然ある。

でも、本当に「現実」を直視すれば、そんなアホなことは言っていられない。

これまで見てきたように、既存の畜産業では、日本国内で日本人全員がタンパク質を摂取できる食料を安定的に生産をすることは不可能だ。鶏肉に関してはある程度は頑張れるだろうけれど、やはり飼料の問題があるよ。どうにか国内で米の生産をアップしても、日本人の食料にしたうえで鶏の餌をまかなうのはかなり大変だ。

同じことは魚の養殖でも言える。確かに、日本は海に囲まれているし、川もあるので好き嫌いを言わないで川魚でもなんでも養殖すればいいけれど、やはりたくさん養殖するとなるとたくさん餌が必要になる。

穀物を輸入すればいいいって思うかもしれないけれど、ウクライナ危機や円安だけで、穀物価格が高騰して畜産業が大打撃を受けている中で、日本自身が戦争や国家間の緊張に巻き込まれたり、「台湾有事」でシーレーンが断絶されたりすれば、穀物どころかあらゆる食料が輸入できなくなることもかなり高い確率で起きる。

そうなると、我々がとるべき現実的な方法は2つしかない。「養殖に頼らないタンパク源を開発する」か、「飼料をあまり使わないコスパのいいタンパク源を養殖する」かだ。

前者は「培養肉」だよね。これは後で詳しく解説をするけれど、肉から組織をとってきてそれを培養して増やしていくというもので、技術はかなりいいところまで進んでいる。ただ、食用とする際に大事な味も含めて研究が進められているので、実用化されて、多くの日本人に食べられるようになるまでには、まだちょっと時間はかかるだろう。

そうなると、「飼料をあまり使わないコスパのいいタンパク源を養殖する」しかない。先ほどから言っているように、コオロギほど、コスパが良くてタンパク質だけではなく他のさまざまな栄養が摂れる食料はない。そういう意味では、これから食料自給率を上げていく日本にピッタリの栄養食だよ。

序で、これまでの「減反」への補助金の真逆で、米作りに国が補助金をつけてでも米をどんどん生産していく政策をすれば、日本の食料自給率はすぐに上がっていくだろうと言ったけれど、そこに加えて、コオロギなどの「昆虫食」が普及すれば、あっという間に日本の食料自給率は100％近くになると思うよ。

「米、イモ、昆虫、時々養殖魚か鶏肉」の食生活が日本を救う

じゃあ、これから日本は具体的にどういう食生活にしていけば、世界規模で戦争や自然災害が起きて、多くの国が自国で食料を囲い込んで、日本への輸出がストップしたとしても、飢えないで済むか。

まず、やはり中心となるのは「米」。あとはサツモイモなどのイモ類。とりあえず、戦争中だってかなりひもじくても、この2つだけで何とか輸入に頼らずに生きられていたわけだから、ここを食生活の柱にしていく。

そこで大事なのは「有事になったら食べる」じゃなくて「普段から主食としていく」っ

てことだな。減反をして放棄された田んぼで以前のように米作りができるまでは、4、5年かかる。米でもイモでもそうだけれどやはり毎年ちゃんとその土地で作り続けるから安定して生産ができるんだよ。土の中にはミミズや微生物がいて、それが「いい土」を作るわけだからね。だから、海外から輸入を打ち切られたりして慌てて「米を作れ」って政府が大号令をかけて、放棄された田んぼを耕し始めたって、米が収穫できる頃にはほとんどの日本人は餓死しちゃっているだろうね。

そういう事態に陥らないためにもアメリカやカナダやフランスは、トウモロコシとか小麦とか大豆を自国民だけでは食べきれないほど生産をしている。何度も言っているように余れば備蓄に回すか、補助金をつけて輸出をすればいいだけの話だ。とにかく大切なのは、食料ができる土地を潰すことなく生産し続けることだ。

だから、前にも述べたけれど日本みたいに「米を作らせない」なんてバカなことをやっている国はない。国の安全保障で一番大事なことは「食料を作り続ける」ことだ。

食料安全保障の議論の中で、「有事の際にはゴルフ場をイモ畑にしよう」なんていう話があるけれど、「平和ボケ」もいいところだよ。ゴルフ場なんてあんなに綺麗に芝生を作って除草剤なんかもたくさんまいているところをひっくり返して、いきなりイモ作りを始めたって、思い通りに収穫できるわけがない。やはり4、5年はかかるだろうね。

このように米とイモを主食にして、野菜は国内でもわりとたくさん穫れるので副食にする。そして、タンパク源に関しては基本的には昆虫を食べる。

鶏肉と養殖魚という選択肢もあるが、日本人全員が食べられるほど、国内生産はできない。輸入飼料などが高騰すれば、価格もはね上がるのであくまで「贅沢品」という位置付けだ。

もちろん、「培養肉」という画期的なものが実用化されて、日本の庶民にも買えるくらい流通できるようになったら、そういう序列もガラリと変わる。ただ、培養肉が普及すると、既存の肉の価値が大きく変わるし、畜産や食肉ビジネスに関わる人たちの商売があがったりになって廃業してしまうので、一般に普及するにはいくつもハードルがあるだろうね。

総合的に考えると、日本の未来を救う、これからの日本人の食生活は一言で言えばこんな感じだと思う。

「米、イモ、昆虫、時々養殖魚か鶏肉、いつかは培養肉」。

日本人はそもそも何を食べていたか

こんな食生活の世の中になったら生きている楽しみなどない、と絶望する人も多いかもしれないね。しかし、日本という国の歴史を振り返ってみれば、ちょっと前まではこれと大差ないものが当たり前の「日本人の献立」だった。

今みたいに世界中からいろんな食品が輸入されて、アメリカやオーストラリアの牛肉がレストランに溢れているような状況が「異常」であって、江戸時代くらいまで多くの日本人は、タンパク質の大部分を魚と虫から摂って食べていた。

実際、日本では虫を食べる風習があるところがたくさんある。有名なのはイナゴだけど、他にも絹糸を作るカイコのサナギを食べていた地域も多い。

じゃあなんで虫なんかを食べていたのかというと一言で言えば「他に食べるものがなかった」からだ。当時の日本人が手間暇かけずにタンパク質を摂れるというと「虫」くらいしかなかったに違いない。

実際、歴史を振り返れば、日本人は「美味しいから」ではなく、少ない資源の中で生き残るために食料のレパートリーを増やしてきたことがわかる。

例えば、エビとかカニとかは今でこそ「ご馳走」になっているけれど、冷静に考えてみたら脚がいくつもあって気持ち悪い生き物だし、よく見りゃ虫みたいなもんだよ。あれを最初に「うまそうだ」なんて感じるわけがないので、やはり生きていくうえで仕方なく食べてみたというのが本当のところかもしれない。

ナマコとかホヤとかもそうだよね。今でこそ酒の肴にいい、なんて言われて一部の酒飲みが「うまい」って食べているけれど、あのグロテスクな姿を見て、「うまそうだから食べてみよう」とはまずならない。周りに食べるものが他にないから、とりあえず食べてみたら意外といけた。それが今も続いているから「食べ物」として認識されているだけだと思う。

「虫」だってそうだ。子どもの時からイナゴを食べていた人は今でも普通に「懐かしい味だ」と言っている。生まれた時から親が普通に食べているものを気持ち悪いとは思わない。

要するに「虫なんか食べられるわけがない」というのは、そういう食習慣や教育がないだけの話で、ナマコやホヤをビジュアルだけで「あんな気持ち悪いものを食えるわけがない」って騒ぐのと選ぶところがない。

日本には牛・豚を食べる習慣はそもそもなかった、でも裏ではこっそり……

このような「昆虫食」の話をすると、「ありえない」と拒否反応を示す人が多いけれど、農耕生活をしていた日本人にとっては「動物の肉を食う」ということの方が、むしろありえなかったんだと思う。

まず、675年に天武天皇が「牛・馬・犬・猿・鶏」の明確な肉食禁止令をはじめて発布した。これは仏教の考えに基づいて、殺生禁止ということで出されたという風に学校の授業なんかでは教えられるけれど、それはSDGsと同じでなんとなく誰も逆らえない美しい建前的な話であって、本当の狙いは「稲作」のためだったんだ。

牛や馬は米を作るためには欠かせない。当時の税（年貢）は米納だから、国を安定的に運営していくには国民が多少飢えても米を作り続けないといけない。腹が減ったと言って牛や馬を殺して食べられてしまったら収穫量が落ちてしまう。

こういう米を優先するあまりの「肉食禁止令」は、米で年貢を納めさせていた江戸時代まで続いた。
じゃあ、日本人がまったく肉を食べていなかったかというとそんなことはない。今もそうだけれど日本人は建前と本音をうまく使い分ける。それと同じく、表向きは「肉食禁止」を守りながら、庶民から上流階級までこっそりと肉食をしていた。

それがわかるのが16世紀に来日した宣教師たちの記録だ。彼らは日本にやってきた直後は、「日本人は肉を食べない。罪悪視すらしている」と本国に報告するが、しばらくするとこんな追加レポートを送る。
「日本人は野犬、鶴、大猿、猫、生の海草を好む。牛肉は食べないが好む」（1585年、ルイス・フロイスの報告）
「牛肉は食べないが好む」とは矛盾した表現だが、まあバレなければ平気ということでちょこちょこ食べていたんだよね、きっと。「犬食」と言えば中国や韓国のイメージが強いから、そう聞くと、「日本人も犬を食べてたのか！」ってショックを受ける愛犬家も多いかもしれないね。

タンパク質を摂るためになんでもしていた日本人

まず「犬食」で有名なのは韓国だね。

牧場で育てた犬の肉を鍋にする料理があるんだけど、ソウルオリンピック開催時には欧州の国の動物愛護団体から「野蛮だ」と批判され、犬食をやめなければオリンピックをボイコットすると脅された。

現地で実際に食べた人に聞くと、年配の人にとっては日本でいうところの「ウナギ」みたいなもので滋養強壮にいいとされているようだ。私の知り合いも結構な味だったと言っていたな。

あと、中国でも犬を食べている。

チャウチャウっていう、口の中が黒い、茶色の毛の大型のペットの犬がいるじゃない。あれはもともと中国で食用として開発された犬種だ。

そういう文化があるから、今も中国や韓国では年代、地域によって犬を食べる人が割合いる。だから、今から20年くらい前だけど、捨てられた犬や猫を保健所が殺処分をするということが問題になった時に、私は「もったいないから缶詰にして中国に売ったらどうだ」と言ったことがある。もちろん、半分は皮肉だけれど、半分は本気で。

生き物が生き物の命を奪うのは基本的に食べるためなわけだから、ただ殺すというのは生き物としての道理から外れていると思う。

閑話休題。中国や韓国だけの文化だと思っていた犬食も、江戸時代までは日本でもあったようだ。これもゲテモノ食いとかじゃなくて、当時の人たちにとって「他に食べるものがなかった」ってことだろうね。

野犬だけじゃなくて野豚や牛、さらに鹿とか熊も食べていたらしい。さらに小さなウサギ、タヌキ、アナグマ、キジなんかも食べていた。

つまり、肉を「主食」としておおっぴらに食べる風習はなかったけれど、実際はほとんどの動物を食べていたわけだ。なぜかというと、やはりタンパク質が足りないからだ。

海の近い場所では魚を釣って食べていたけれど、内陸や山の中ではなかなかタンパク質を補えない。だから、長野のようなところではコイなど川魚を食べたり虫を食べたりしていた。

それでも足りない場合は牛や馬も食べたし、川魚があまり獲れない時はキジやウサギなどの野生動物を捕まえて食べていた。「美味しい」というよりも、「他に食べるものがなかった」というのが本音だろうね。

だから、食料自給率を上げていくということでは、今の日本でも鹿などの野生動物を食べていくのもひとつの手だ。「ジビエ」なんて言って、おしゃれなレストランとかでも出しているくらいだから、そういうものに力を入れていくのも選択肢のひとつだね。

昔の猟師が食べていた「タヌキ汁」はタヌキの肉ではなかった?

そのように食料自給率アップとタンパク源確保のために、ジビエ政策を進めていくとなると、まずうってつけなのが鹿だね。

鹿は全国で増えすぎてしまって、今や「害獣」だし、しっかり処理をすればうまい。

鹿は奈良の公園などでは観光客が餌をあげて「かわいい」なんて言っているから、食べるというと抵抗のある人もいるだろう。だけど、実は鹿は植物の芽とか下草を食べ尽くすから森林破壊の原因になっている。害獣の数をコントロールするという意味でも、野生の鹿を食料にするというのは悪くない。

やりようによっては、「高級食材」ということで海外に輸出することもできるかもしれない。実際、フランス辺りで鹿のジビエは、かなり高いカネを払わないと食べられない。

昔、帝国ホテルでちょっとした会合があって鹿肉のステーキを食べたけれど、牛のステーキと変わらない値段だったな。今はまだレストランじゃゲテモノっぽい位置付けだけれど、ちゃんとしたPRをすれば高級肉の扱いになるかもしれない。

ちなみに、鹿よりもうまいと言われているのはカモシカだ。私は食べたことないけれど、日光に住んでいる友人に言わせると、「鹿よりもはるかにうまい」そうだ。

実はカモシカは「シカ」と言っているけれど生物学的には牛に近縁だ。だから、肉も牛みたいにうまいんじゃないかな。ただ、カモシカは特別天然記念物に指定されているから、狩猟して食べるのは難しいだろうね。

いずれにせよ、個体数が増えすぎて生態系に悪影響を及ぼすようになってしまった野生動物を駆除して食料にするのは、この食料自給率の低い日本では「一石二鳥」というか、前向きに検討すべき方法だろうね。

例えば、外来種のハクビシンが最近増えて問題になっているけれど、あれも食べたら結構うまいって話だよ。

昔話にもなっているけれど、昔の日本の猟師はタヌキを撃って「タヌキ汁」って料理にしていたくらいだから、ああいう小型の野生動物も食べられないことはないよね。でも、あの「タヌキ汁」の「タヌキ」はどうも「アナグマ（ムジナ）」だったようだね。実際にタヌキの肉を使って鍋を作った人たちによると、すごく獣臭くて食えたものじゃなかったそうだ。でも、アナグマの肉は普通にうまいということなので、「タヌキ汁」は実はそっちじゃないかって言われているね。

動物は恐怖を与えて殺すと肉がまずくなる

こういう話を聞くと、「ハクビシンやアナグマはさておき、野生の鹿はすごくたくさんいるわけだから、虫なんか食べなくていいじゃないか」と胸を撫で下ろす人もいるかもしれないけれど、残念ながら鹿食が日本社会に普及するには、越えなくてはいけない大きな壁がある。「鹿を殺して処理する人」をどうやって増やすかということだ。

野生の鹿は猟銃で撃って殺すわけなので狩猟免許を持つ猟師が必要だが、高齢化でその猟師が激減している。だから、今後鹿肉を調達していくなら、まずは若い人たちに狩猟免許を取ってもらわなければならない。狩猟を目指す人にいろいろな補助金を出すにしても、カネさえ積めばいいってもんじゃないから、移住支援などもしなくてはいけないかもね。

今、狩猟の人気も少しずつ高まっているから、それだけ手厚いことをやれば狩猟免許を取ろうという人も増えるかもしれない。だが、鹿食普及のためには狩猟免許を持つ猟師の数を増やせばいいってものではない。そういう人たちに「血抜き」や「解体」の技術も習得してもらわなくちゃいけない。

猟銃などで殺した野生動物は、すぐに血を抜かないと毛細血管の中で血が溜まって、すべての肉がレバーみたいにモソモソしちゃう。食べられないことはないけれど、はっきり言ってまずい。これだけうまいものが溢れている中で市場で流通させようと思ったら、すぐに血抜きをして解体をしてうまい肉にしないと売れないだろうね。免許を取らせるだけじゃなくて、こういう技術もしっかり習得した人を日本全国に育成するとなると、お金はもちろんだけれど手間暇がすごくかかる。

肉としてのうまさを優先するのなら、山に入って鹿を鉄砲で撃つより生け捕りにしてから屠殺するというのが実は一番いい。

血抜きとは別に、動物は恐怖心を与えると肉がまずくなると言われている。牛とか豚とかみんなそうで、今は屠殺の技術がすごい。屠殺銃を眉間に撃ち、失神させ、逆さ吊りして血を抜く。意識を失っている間に出血死させるので、苦痛はないと言われている。恐怖心を与える暇もなく殺すことができる。

そういう意味では狩猟も一発で頭を仕留めればいいけれど、急所を外してしまって苦しんでいるところにトドメを刺すことになると、やはり恐怖心を与えているだけ屠殺よりも味は落ちるんだろうね。

ただ、これも問題がある。野生の鹿を生け捕りにするっていうのはすごく難しい。麻酔銃を使えばいいと単純に思うかもしれないけれど、そういう化学薬品が入ってしまった肉は問題があるかもしれない。だから、屠殺場では薬を使わないで屠殺銃を使っているわけだよ。

野生動物の肉はタンパク源としては確かに魅力的だけれど、肉にするまでのコストがかなりかかるし、市場に流通させるだけの「品質」を生み出す体制の構築が今の日本ではなかなか難しい。それを踏まえると「昆虫食」の方が現実的だ。

カラスは普通に食べられていた鳥

もちろん、だからと言って野生動物の肉を食べるのは無理だと言っているわけじゃない。我々の祖先が「他に食べるものがなかった」から身近にあるものを食べてきたように、我々も食料不足になることを見据えて、今から有事の時の食料となり得るものを考えておいた方がいい。

そこで、手に入りやすいものは何かと探してみるに、「カラス」はいい。

怖い、ゴミをあさって汚いというイメージがあるかもしれないが、実はカラスも食用になる。

１９６０年代くらいまでは長野県の上田では普通にカラスを食べていた人がいたようだ。フランスでもカラスを食べるという。

カラスはキジとかカモのように狩猟鳥だ。狩猟鳥は、それぞれの自治体で狩っていい時期や区域などが決められている。猟場と猟期以外の、近所でゴミを漁っているカラスを銃で撃ち殺して食べてはいけない。

狩猟鳥であるということは、つまりはキジとかと同じく「普通に食べてもかまわない鳥」ということでもある。味に関しては、私自身は食べたことがないが、自然豊かな地域のカラスは普通の鳥肉としてうまいという話だよ。都会のカラスは何を食べているかよくわからないから、不思議な味がすると言う人もいる。

クジラは日本の伝統食だった

そんな風にして、昔から日本人は自分たちの身の回りにあるものを食べて生きながらえてきた。だから、海外から食べ物が入ってこなくなったら、これまで通りに身の回りにあるものを食べればいいっていう、すごく単純な話なんだよ。

ただ、今は昔と比べて日本人の数が増えている。まあ、最近は多少減っているけどね。さらに昔は日本人の重要なタンパク源だったものも消えている。わかりやすいのはクジラだ。

日本でなんでクジラ漁が盛んになったのかというと、あの大きな一頭を捕まえると、大量のタンパク源が確保できたからだ。しかも、油はもちろんのこと骨、歯、鬚《ひげ》までも捨てずに利用した。

ヨーロッパの人間はクジラを捕まえても、油を灯油にしていただけで、肉はすべて捨てていた。牛や豚や鶏を家畜にして、それを食べることでタンパク質が摂れていたので、クジラには目もくれなかったわけだ。しかし、日本は「他に食べるものがなかった」からクジラは重要なタンパク源だった。

これは後で詳しく解説するけれど、西洋のおかしな「動物愛護」を押し付けられたおかげで、日本の捕鯨は西洋諸国からのバッシングを受けた。堪忍袋の緒が切れたかどうかは知らないが、2018年に日本はIWC（国際捕鯨委員会）からの脱退を発表、2019年に脱退し、商業捕鯨を再開した。

しかし、残念ながら日本人の鯨食の文化は廃れ、商業捕鯨は前途多難なようだが、有事の時にはタンパク源の確保になるので、この選択は食の安全保障の観点からはプラスであろう。

これから牛や豚などの肉は世界中で取り合いになるだろうから、いずれ日本には入ってこなくなる可能性がある。本章で述べた以外にも、新しいタンパク源を今から確保しておに越したことはない、というのが「昆虫食」を推奨する所以《ゆえん》である。

縄文時代、害虫駆除に栄養補給を兼ねて虫を食べていた

私が「昆虫食」を検討すべきと言う今ひとつの理由は、これが日本人の昔からの知恵だからでもある。日本が自給自足できる食料を考える時、やはり参考にすべきはこれまで日本人がどんなものを食べてきたのかということだ。

まず中心となるのは、米、アワ、ヒエ、麦、豆（ダイズ、アズキ）という日本古来からある穀物、いわゆる「五穀」だよね。穀物の中にはアミノ酸も入っているから、これだけ食べてもまあ生きていけただろう。

もちろん、穀物だけを食べていたら栄養が偏るので、野菜も食べていただろう。野菜にはビタミン類が結構入っている。ナスやキュウリを漬物にして食べると、ビタミンB_1が増えるので、漬物は生活の知恵であったろう。それと並行して木の実なども食べていた。縄文時代には既にクリとかトチの実とか、どんぐりを食べていたようだ。

じゃあタンパク質をどう摂取していたのかというと、西洋ほど肉食はしていないので、基本的には魚を食べていたと思う。ただ、昔は冷蔵輸送技術がないから、海のない内陸や河川が少ないところでは、小動物や野鳥を獲って食べるにしても、どうしてもタンパク質が不足気味になっただろう。

じゃあどうしていたのかというと「昆虫食」だ。縄文や弥生の時代の遺跡を調べてみると、当時の人々が昆虫を食べていた痕跡が残っている。これは稲作が始まってから、より顕著になり、おそらくイネの害虫であるイナゴを害虫防除と栄養補給の目的で食べていたんじゃないか、と考えられている。

実際、平安時代に書かれた最古の薬物辞典『本草和名《ほんぞうわみょう》』にも、イナゴを食べていたという記録が残っている。

確かにイナゴは、日本人の主食である「五穀」を食べ尽くしちゃうわけだから、それを捕まえて食べるのは穀物を守ることにもなるし、腹も膨れてタンパク質も摂れる。非常に理にかなった食習慣だったと思う。

牛や豚が「肉」になるところを見たら食べられなくなる人は増える

「虫を食べるなんて気持ち悪い」って感じる人もいるだろうけれど、我々の祖先がつくってきた「文化」だからね。

しかも、「気持ち悪い」っていうのも、私に言わせれば、昆虫を殺して食べるよりも、牛や豚を殺して食べることの方がよほど「気持ち悪い」よ。

昆虫を「食料」にするのは捕まえてきて揚げたり佃煮にするだけだから、やろうと思えば誰にでもできる。でも、牛や豚を「食料」にするのはかなりハードだよね。

今の日本人はみんな当たり前のように切り身の肉がパックされているのをスーパーで買ってきて、それを「うまい、うまい」って食べているけれど、その肉が、生きている牛や豚からどういう工程を経て作られているのかを見たら、とてもじゃないけれど食べられないと思うよ。

それまで生きて動いていた牛や豚を瞬時で殺して、血を抜いて解体をするわけだ。内臓もすべて引っ張り出して、肉を綺麗に解体する。

そういうプロセスを見ていないから、「牛や豚は見た目もよくて美味しいけれど、昆虫なんてゲテモノは食えない」と言えるんだと思う。実際にその工程を細かく撮影してテレビで流したら、ほとんどの日本人はトラウマになって牛や豚を食べられなくなるかもしれないな。

戦後しばらくの食料難の頃、鶏を飼っている家も結構あった。

私の知り合いも子どもの時、家で鶏を飼っていて、産んだ卵を食べていたという。学校帰りに餌になる草を摘んできたりしてその鶏を可愛がっていたようだ。ところがある日の食卓に鶏肉が出て、「これ何？」って聞いたら、「飼ってた鶏」だと父親が言ったらしい。幼かったその人はそのことがトラウマになって、今も鶏料理が食べられないとのことだ。

牛や豚や鶏は「屠殺」「食肉処理」というプロセスが隠蔽されて「気持ち悪い」ところをブラックボックス化することに成功した食材なので、一般人は何も考えずに「うまい、うまい」なんて言えるようになったけれど、それがなければ、昆虫食よりも遥かに「おぞましい」食物のような気がするね。

「牛を殺してハンバーガーを作る」ことができる人はまずいない

例えば、ハンバーガーが好きとか焼肉が食べたいとか言っている人に、生きた牛を一頭渡して、「これを好きにしていいからハンバーガーやステーキを作って食べたら?」と言っても、ほとんどの日本人は途方に暮れるだろう。まず、あれだけ大きい牛を殺すのは大変だ。

殴り殺すにしても刺し殺すにしても叫ぶし暴れる。動物には「自分の死」という概念はないだろうけれど、身の危険を感じれば恐怖に怯えるだろう。

多くの人は、自分の家の前で犬や猫が小便をしたからといって殴り殺したりはしない。ネズミやタヌキは害獣だから罠を仕掛けて駆除してもらうが、自分自身で棍棒やナイフで殺すことができる人は少ない。

我々は同じ哺乳動物を殺すことに罪悪感というかある種の嫌悪感があるわけだ。しかし、牛や豚は毎日世界で大量に殺されている。生物学的には、家で飼っている犬や猫とそれほどかけ離れていないにもかかわらず、頭の中から嫌悪感を追い払っている。

先に述べたように、動物は一瞬で殺さないと肉がまずくなる。そこでどうにか殺したところで、次はこの重い牛を運んでどこかに吊り上げて、血抜きをしなくちゃいけない。血が体内に残ってしまった肉はまずくなるからだ。それが終わったら、臓器を取り出して肉を綺麗にさばかないといけない。そんなことができる人はまずいないだろう。

そこではじめて肉を焼いて食べたり、ひき肉にしてそれをパテとして成形してハンバーガーを作ったりするわけだ。多くの人は、最終的に調理された「肉」しか見ていないが、かなり心が痛むような、残酷な製造過程が実際にはあるのだ。

なぜトリンドル玲奈さんはゴキブリを気持ち悪いと思わないのか

そもそも大型の動物を殺して肉を食べるのはヨーロッパの文化であって、日本にもなかったわけではないけれど表立って行われるものじゃなかった。メインは魚と小さな動物、そして昆虫だった。それが逆転して「肉といえば牛や豚」になったのはつい最近のことだ。

だから「昆虫食が気持ち悪い」というのもすべて「習慣」と「教育」のせいだ。生まれた時はなんとも思わないけれど、親や世の中から「それって気持ち悪いよ」と教えられていくうちに、「昆虫は気持ち悪くて食べるなんてとんでもない」という価値観が刷り込まれていく。

少し前に、東京ドイツ村という東京でもドイツでもない千葉のテーマパークで、タレントが虫採り競争をするテレビ番組に出演したことがあった。いろんなタレントが園内で虫を捕まえてきて、私のところに持ってくる。それを私が「この虫は珍しいから100点」とか虫の珍しさに合わせて得点をつける。その合計点を競うっていう他愛もないゲームなんだけれど、その中ですごく面白かったのは、トリンドル玲奈さんというタレントの女の子の行動だった。

彼女は、ゴキブリを山ほど捕まえてきた。これは家の中に生息するゴキブリとはちょっと違うやつで、樹の洞とかにいるやつなんだけれど、ゴキブリであることには変わりない。そこで私が「ゴキブリは5点、3匹いるから15点」と言うと、彼女はゴキブリばっかり採ってくる。ゴキブリが一番捕まえやすかったみたいだね。

他の女性タレントとかはそれを見ると、「キャー」とか大騒ぎするけれど、トリンドル玲奈さんはケロッとしている。それで私が「気持ち悪くないの?」って聞いたら、彼女は

「ウィーンでは見たことがないんです」と言っていたよ。

彼女はオーストリア・ウィーンの出身なんだよ。ウィーンにはゴキブリがまずいないので、ゴキブリが「気持ち悪い」という観念がない。ゴキブリが気持ち悪いものだと教える大人もいない。だから彼女からすれば、それを「キャー」と大騒ぎしていることの方が不思議だったんだと思う。

このことからもわかるように、何が気持ち悪い、何がタブーだなんていうのは結局、「教育」とその結果の文化や習慣の賜物だ。ある意味、日本は明治以後、アメリカやヨーロッパ流の「肉を食べる」という「教育」を受け続けてきたと言ってもいい。

その結果、牛肉や豚肉が最もまともなタンパク源だと思い込むようになった。先祖が食べ続けてきた魚をあまり食べなくなってきただけではなく、古くから続く昆虫食も「気持ち悪いゲテモノ食い」として誤解するようになってしまったんだと思う。

じゃあこういう「洗脳」にも近い西洋の価値観を刷り込まれてしまった我々は、どうやって、現状を変革して、食料を確保したらいいのだろうか。まずは、穀物や野菜などの農作物に関して、遺伝子組み換え作物と農薬の安全性について考えてみよう。

第2章

遺伝子組み換え作物のススメ

「遺伝子組み換え作物は危険」は間違い

日本人が自分たちで食料を確保していく際にどのような農業をやっていけばいいのだろうか。

まずこれまで繰り返し説明してきたように、米の生産をアップしていくことが最も重要なわけだが、米以外の農作物はどうなっているのか見てみよう。

２０２２年度の農水省の「食料需給表」の品目別自給率を見ると、米は99％とほぼ足りているし、野菜も79％とそこそこいい線をいっているけれど、果実は39％、小麦が15％、油脂類（菜種やトウモロコシなど）は14％、大豆は６％しかない。

ちなみに、小麦やトウモロコシは牛や豚や鶏の飼料にもなるわけだけれど、このように日本の場合は圧倒的に国産が少ない。だから、ほとんど輸入飼料に頼っていて国産飼料は26％しかない。これを考慮した肉の国内自給率は牛肉が11％、豚が６％、鶏肉が９％しかない。

何らかの理由で、輸入飼料が入ってこなくなったら、あっという間に「肉」はひと握りの富裕層しか食べられない高級品になるってことがよくわかってもらえただろう。だから、今から「昆虫食」などの代案を探しておく必要があるんだ。

話を元に戻そう。これから外国に頼らず肉を生産するためには、小麦、トウモロコシ、大豆などの生産を強化しなくてはいけないということなんだけれど、小麦やトウモロコシ、大豆などを今のやり方で大量に生産するのにはコストがかかる。

じゃあ、あきらめるしかないのかというと、そんなことはない。人手をかけなくてもたくさん穫れるような「遺伝子組み換え」技術を使えばいい。

そう聞くと、「いくら食料を確保するためとはいえ、そんなものに手を出したら食の安全が損なわれる」と感じる人も多いだろう。ただ、それは大きな勘違いだ。

今、我々が食べている農作物なんかよりも、実は遺伝子組み換え作物の方が安全だ。

遺伝子組み換え作物はどうやって作るか

「遺伝子組み換え作物」と聞いてほとんどの人が怖がったりするのは、何か得体の知れない科学技術が使われているような印象が強いことが大きいのだろう。そういう技術で作った作物が体の中に入ったらとんでもない恐ろしいことが起きるんじゃないかってわけだ。

でも、遺伝子組み換えという技術をちゃんと理解すれば、そこまで恐ろしい話じゃない。例えば、一番ポピュラーな遺伝子組み換え作物というのは、土の中にいるバチルス・チューリンゲンシスというバクテリアから抽出した殺虫成分を作る遺伝子を、作物に導入して作る。つまり、自然由来の遺伝子を作物に組み込むわけだ。

この遺伝子を組み込まれた植物が育つと、葉っぱの細胞の中でこの成分が作られる。虫が死ぬような毒が入っている作物など食えるかって話になると思うんだけれど、その植物の葉っぱに入っている成分はアルカリ性の環境下でないと働かない。虫の消化管の中はアルカリ性なので、虫が食べれば死ぬわけだ。しかし、人間の胃袋の中は酸性だから、人間には害を与えない。そういう意味では、安全性には問題はない。

しかも、環境にも優しい。

作物を虫の被害から守ろうとすると、通常、農薬を大量に散布するしかないが、そうすると、その作物を食い荒らす虫が死ぬだけでなく、その作物を食べるつもりもなく、ただ単にその辺りで生きていた虫も大量に殺してしまう。

虫にとって農薬というのは「大量破壊兵器」だから、昆虫を無差別にみんな殺しちゃうんだよ。そうなると当然、生態系はおかしなことになる。

でも、遺伝子組み換え作物ならば、ピンポイントで「作物を食い荒らす虫」だけを殺すことができる。むしろこちらの方が環境に優しいと思うけどね。

「自然由来のものは体に良い」とは限らない

「植物に虫を殺す毒を入れる」と聞くとすごく怖がる人もいるけれど、毒にもいろいろあって、動物に食べられないように自分の体内に毒を持っている植物もある。

例えば、日本でもちょっと前に人気だったタピオカの原料のキャッサバという作物があるけれど、キャッサバの中には青酸が入っている。だから、生でたくさん食べると死んでしまう恐れがある。タピオカが無毒なのは、収穫した後に処理して毒を抜いて粉にしているからだ。

私の知り合いのキャッサバ栽培の世界的権威である河野《かわの》和男さんが、かつて品種改良をして青酸がないキャッサバを作って畑に植えたところ、なんと、周りにいた猪などの野生動物にみんな食われてしまったという。

つまり、キャッサバの毒はこういう事態にならないように、植物が自分を守るためにあるものなんだ。ちなみに、青酸があってもキャッサバを食べる虫はいる。しかし、キャッサバに群がる害虫は人間や脊椎動物とは代謝機構がちょっと違うので、青酸入りの葉っぱを食べても死ぬことはない。

このように自然界の植物には食べられないように、特定の動物に対して有効な「毒」を持っているケースがわりとある。

ここで述べている遺伝子組み換え作物は、害虫に食われる作物に、その害虫に対して毒になる遺伝子を導入して食われないようにするもので、自然界と無縁なものを生み出すわけではない。

一般の人が持つ遺伝子組み換え作物への過度な恐怖心の根源には、「自然由来のものは体に良くて、人間が作り出すものは体に悪い」という思い込みがある。だが、これもまったくのウソである。

例えば、北半球に広く生息していて日本でもよく見られるドクツルタケという野生のキノコがある。これはすごい毒を持っている。体に悪いどころじゃない。食べたら腹痛、嘔吐、下痢が起こり1日ほどで治まるんだけれど、それからしばらくすると肝臓や腎臓の組織が破壊されて死に至る。1本で人間1人の命を十分奪えるほど毒性が高いことで、欧米では「殺しの天使」なんて呼ばれている。

自然食品が安全で、遺伝子組み換え作物が危険というのは短絡的な考えなのだ。

通常の農薬も人間に対して完全に安全ということはない。大量に使ったり、長時間使ったりして体内に蓄積したら悪さする可能性は高い。

そういう意味では、遺伝子組み換え作物で昆虫を駆除した方が、農薬よりも安全だと思う。

農薬は虫にとって「大量破壊兵器」

じゃあ、農薬（殺虫剤）を使わなければ安全だって、簡単に考える人もいるかもしれないけれど、スーパーに並んでいるような形のいい、大きくて立派な野菜を安定的に生産しようとするのなら、それは不可能だ。

私も庭の家庭菜園で野菜を作っているけれど、無農薬で野菜を作ろうと思ったら手間暇がすごくかかってしまう。大規模農園でそれをやったら、葉っぱはボロボロになり、食い散らかされた野菜しか出荷できない。しかも、いろんなところに昆虫が隠れているような状態の野菜になるだろう。

かつてはそれで普通だったろうけれど、今の消費者は虫食い跡の残る野菜は買わない。形の良い野菜を安定的に生産・供給しようと考えたら、農薬は使わざるを得ない。しかしそれは虫に対して「大量破壊兵器」を使うことと同じなのである。

昔は、農薬は人間にもかなり有毒な恐ろしいものだったけれど今はすごく進歩して、人間はもちろん、哺乳類などの脊椎動物に対する毒性がすごく弱くなった。その代わり、脊椎動物以外の、例えば節足動物、特に昆虫なんかにだけ強い毒性を持つ「人や動物に優しい農薬」ができた。

そう聞くと、「だったら農薬も悪くないのでは」と思うかもしれないけれど、それは大きな勘違いだ。自然というのはすべてつながっている。虫を大量に殺せば、その虫を餌にしている小型の動物や鳥は深刻な食料不足に陥るので結局死んでしまう。そうすると、今度はその小型動物や鳥を食べている大型動物にもその影響は及んでいく。

ネオニコチノイド系農薬がもたらした宍道湖への被害

農薬は人間に直接的な害がないっていうけれど、自然界の食物連鎖を断絶させるので結局、人間にも大きな影響を及ぼす。

その一番象徴的な例が、宍道湖《しんじこ》だ。

ここはシジミの日本一の産地で、かつてはウナギとかワカサギもたくさん獲れたんだけれど、今はほとんど魚がいなくなっちゃったんだよね。

そこでこの湖で一体何が起きたのかについて、山室真澄さん（現・東大教授）が長期のフィールドワークを行って、近くの田んぼでネオニコチノイド系農薬（殺虫剤）を使い始めたことが原因だということを突き止めた。

宍道湖周辺の田んぼでは１９９３年からネオニコチノイド系農薬を使い始めた。これは名前からもわかるようにニコチンと類似の作用を持つ農薬だ。

「ネオ（ＮＥＯ）」はギリシア語で「新しい」「ＮＥＷ」という意味。「ノイド（オイド）」

は「もどき」。つまりは、「新しいニコチンもどきの農薬」ということだ。

ニコチンは、タバコに入っていて普通にその辺で売っているようなものだから、ちょっと体に悪いくらいのイメージかもしれないけれど、実はかなり毒性が高い。タバコを漬けた水を虫にかけたら死んじゃうし、たぶん人間でもたばこの葉っぱを漬けた水を飲んだら命の危険があると思う。

ただ先にも言ったように、ネオニコチノイド系農薬は人間をはじめとする哺乳類や他の脊椎動物への毒性は低いので、日本では比較的安全な農薬ということで規制が緩い。

そんなネオニコチノイド系農薬が宍道湖周辺の田んぼにまかれ始めた1993年を境にして、ウナギとワカサギの漁獲高が激減したのだ。

ネオニコチノイド系農薬は、流水河川を通って宍道湖に流れ込んだ。毒性は低いので魚とかを直接殺すわけじゃない。じゃあ、安心かというとそうではない。

宍道湖に生息するミジンコやオオユスリカなどの節足動物が大量に死んでしまった。そうなると、それらを餌にしているウナギやワカサギの数も当然減る。

魚が減れば魚を餌にしている鳥などにも影響を及ぼす。人間に「安全な農薬」は結局、多くの生物に「死」をもたらした恐ろしい農薬だったのだ。

ヨーロッパではほぼ禁止のネオニコチノイドが日本では使われるワケ

ちなみに、少し前にミツバチが急に巣からいなくなる「蜂群崩壊症候群」が問題になり、アメリカの養蜂業が大打撃を受けているという話があったけれども、実はこれもネオニコチノイドが関係しているようだ。

ネオニコチノイドは昆虫の中枢神経系を狂わせる神経毒である。

ミツバチがネオニコチノイド系農薬が散布された葉っぱにとまると、脚から葉っぱについていたネオニコチノイドが吸収されてしまう。そうなると中枢神経系が打撃を受け、方向感覚が狂って自分の巣に帰れなくなってしまう。ハチは巣を拠点に生きているので、戻れなくなったら死んでしまう。

昆虫の神経系は基本的に同じだから、ミツバチが死ぬなら他の昆虫類も同様に神経毒によって殺されるだろう。

そして、人間の神経系にも何かしらの影響があるという話もある。

東京都医学総合研究所にいらした黒田洋一郎さんが、ネオニコチノイドが小さい子どもに作用して、脳の発達に悪影響を及ぼして、発達障害になるんじゃないかというような研究を発表しているので、もしかしたらそういう問題もあるかもしれない。

そんな風にいろんな問題が指摘されているネオニコチノイドは、ヨーロッパではほぼ禁止になっている。なぜかというと、ミツバチの養蜂業者から「これだけはやめてくれ」っていう話が出たことで、一般市民も巻き込んだ社会問題になったからだ。

しかし、日本ではそういう話にはなってない。ＳＤＧｓのように、いつもはヨーロッパが言いだしたことには文句を言わずに従うくせに、ネオニコチノイドに関してはまったく迎合せず、むしろ規制を緩めている。

アメリカでもネオニコチノイド系農薬の規制を強める動きが加速しつつある中、日本だけがなんで規制を緩めているかよくわからないが、製薬会社の利権が絡んでいるのだろうね。

「国産野菜は安全」は根拠のない思い込み

こういう現実を踏まえると、ちょっと前によく言われた「国産野菜は安全」なんていうのは根拠のない思い込みだってことがよくわかる。

ヨーロッパなどでは日本よりも農薬の基準が厳しいから、日本国内で作ったものよりも安全だろう。

例えば、2023年になってからも、日本のイチゴが農薬の残留基準を超過していて台湾から輸入差し止めの措置を受けたことがあったよね。つまり、日本よりも台湾の方が、「食の安全」に対する規制が厳しいってことだ。

我々は日本の野菜や果物は「世界一安全だ」と思って、「やっぱり国産はうまい」なんて喜んで食べているけれど、実はその中には海外のある国では基準を超えた農薬を使って作られているものもあるというわけだ。

だから、そういう思い込みもちょっと考え直さないといけない。

ただ、この問題が複雑なのは「じゃあ輸入野菜や食品の方が安全か」というと、そうでもないことだ。

さっきも言った通り、ネオニコチノイドひとつとっても、ヨーロッパではほぼ禁止されているけれどアメリカでは普通に使われている州もある。国によって規制はバラバラだから、もっと酷いものが入っているケースもある。アメリカなどではポストハーベスト（収穫後に腐敗やカビを防ぐために使う農薬）が普通に使われているので、輸入品だから安全ってこともない。

アメリカ人に肥満が多いのは「抗生物質入りの肉」のせい!?

食肉で問題となっているのは、「成長促進剤や抗生物質入りの肉」だ。

牛や豚を太らせる、成長促進剤（ラクトパミン）はＥＵや台湾などでは禁止されているが、アメリカやオーストラリアでは規制されていない。

これを使うと短時間で太るのでコストパフォーマンスがよく、安い肉を作ることができる。ただし、発がん性が疑われており、これを使って育てた牛や豚の肉は裕福な自国民はまず食べない。そこで、日本に輸出するわけだ。アメリカやオーストラリアの牛肉が安いのは理由がある。日本国内ではラクトパミンは使えないが、輸入肉に関してはフリーパスなのだ。

また、「抗生物質」も問題だ。

1948年にオーレオマイシンという抗生物質を家畜に与えたところ、体重が増加することがわかり、感染症の予防という観点ばかりでなく、早く太らせるために、餌に抗生物質を入れることが流行りだしたのだ。


アメリカで生活をしてみるとよくわかるけれど、アメリカ人には日本人ではあまり見られないくらいの肥満体形の人がいるよね。

それは人種の違いだとか、ジャンクフードばかり食べているからというのがよく言われているけれど、食肉の中に入っている抗生物質を摂取しているせいじゃないかという説もある。

確かに、ジャンクフードで使われる安い肉は、抗生物質入りの餌を与えて太らせて大量生産している牛や豚のものだから、それを生まれた時から毎日食べていれば、牛や豚のように「よく太る」という効果が出てしまう。だから、アメリカ人はすごく太っているんじゃないかってわけだ。

抗生物質が残留した肉をずっと食べ続けると、肝機能障害のリスクがあるという話もあるし、「抗生物質耐性菌」が生まれてしまう恐れもある。

これは食の話とは直接関係ないが、抗生物質は使い続けると、どうしてもそれが効かなくなる細菌が増えてしまう。そういうのを「抗生物質耐性菌」というのだけれど、人間の場合、最も酷い耐性菌は「メチシリン耐性黄色ブドウ球菌（ＭＲＳＡ）」というものだ。これは約１７０種類あると言われている抗生物質がほとんど効かなくなってしまう細菌だ。唯一効く薬はバンコマイシンだが、これに対する耐性菌も出現している。ＭＲＳＡ感染症にかかったら薬での治療が困難だから、自力で病気を治すことができない人は死亡する恐れもある。

だから抗生物質は、あんまり無闇に使わない方がいい。

あと、「中途半端に使わない」ということも大事だ。

例えば、風邪をひいて医者に抗生物質を何日分か処方される時、「容態が良くなっても飲みきってください」って言われるんだけれど、熱が下がったら面倒になって飲まなかったりする人がいる。

そうするとどうなるかというと、体の中で生き残った細菌が増えていくうちに、その抗生物質に対する「耐性菌」の割合も増えていく。この耐性菌に感染した人は同じ抗生物質を飲んでも治らなくなる。

人間には免疫があってどんな菌でも叩くことができるんだけれど、その免疫力を上回るほど耐性菌が増えてしまうとかなり危ない。抗生物質が効かないし、自己免疫では対処できない。

だから、抗生物質は治ったと思っても飲み切って、耐性菌が生まれないようにしておくことが大切だ。

感染症と抗生物質の戦いはいたちごっこみたいなもので、どんな抗生物質もいずれは耐性菌ができて効かなくなるから、次々新薬を開発していくしかない。これが、人類と感染症の戦いの歴史だ。


抗生物質は養殖魚にも大量に使われている。養殖魚の生育密度は非常に高いので、感染症が発生すると、次々と感染して全滅する恐れも高い。それを防ぐために、抗生物質を養魚場に投与する。

チリ産の養殖サーモンなどは抗生物質漬けだと言われている。今のところ、人間に対して大きな害があるという話は聞いていないので、時々食べる分にはさほど問題はないかもしれない。

それに抗生物質をある程度使わないと、魚の養殖は成り立たないので、食料確保のためには多少の抗生物質の投与はやむを得ないのであろう。

除草剤に耐性を持つ遺伝子組み換え作物で大量生産が可能に

このように抗生物質は牛や豚や魚には当たり前のように使われ続けている。家畜や養殖魚に使われる抗生物質は人間に使われるものとは少し異なるのだけれど、それだけ使い続ければ「耐性菌」が増えていくことは間違いない。それを我々は肉を介して体の中に入れているということだから正直、今後、それがどのような影響を及ぼしていくのかは誰もわからない。

そういうふうなことを考えると、「安全な食品」と口で言うのは簡単だけれど実際にはかなり難しいことがわかる。

肉や魚もいくら飼育環境が安全だとアピールをしても、餌の中に何が入っているかが問題だ。餌に成長促進剤や抗生物質が入っていたり、農薬が残留した飼料を食べさせていたりするかもしれない。

こういう、将来食べた人間に何が起きるかわからない食べ物を「国産は安全だ」とか「オージービーフは安くてうまい」なんて言って喜んで食べているのに、遺伝子組み換え作物だけを、「体に危険だ」と騒いで敵視をするのもおかしな話だ。

もちろん、遺伝子組み換え作物にすればすべて解決という話じゃないけれど、遺伝子組み換え技術を使わないと穀物の価格は高騰するだろう。

次に話すのは、除草剤に耐性がある遺伝子組み換え作物だ。

グリホサートという除草剤がある。

日本の商品名はラウンドアップなどで、ちょっと前に中古車販売のビッグモーターが、店の前の街路樹や垣根が邪魔だってことでこの除草剤を使っていたと話題になった。

グリホサートは、植物に必須アミノ酸を作れなくさせることで枯らす除草剤なんだけれど、遺伝子組み換えをすることでこれに耐性を持った作物を作ることができる。これは大規模農業をやっているところからすれば非常にありがたい発明だ。

雑草は放っておくと、土から栄養をどんどん奪うから作物にとって良くないため、抜かないといけない。けれど、雑草を取り除くのにグリホサートを使うと作物まで枯らしてしまう恐れがある。といって、物理的に除草をするのは人手も時間もかかる。

しかし、遺伝子組み換え作物ができたことで、グリホサートをいくらまいても作物自体は枯れないようになった。作物は枯れることなく、周りの雑草だけが枯れる。これで作業効率がすごく上がって、より大量の作物を安価で育てることができるようになったんだ。

そういう意味では、確かにグリホサートは世界の食料問題に貢献している。

除草剤グリホサートは人体には本当に無害なのか

だからと言って、グリホサートをじゃんじゃん使えばいいのかというと、そうとも言い切れない難しい問題もある。人体への影響だ。

基本的にはグリホサートは人体に悪い影響はないということになっている。

「植物に必須アミノ酸を作らせないようにする」と聞くと、人間の体にも何か悪い影響がありそうなイメージがあるかもしれないけれど、そもそも人間は必須アミノ酸を自分の体で作れない。

だから、肉や魚、米とかを食べて必須アミノ酸を摂取しなければいけない。植物は動物のように他から必須アミノ酸を摂ってくることができないから、自分自身で作る。だから、それをブロックされたら枯れてしまう。人間はいくらブロックされても、もともと作れないからなんの影響もないって理屈だね。


でも、そんな無害なはずのグリホサートが今、ちょっと問題になっている。

非ホジキンリンパ腫など、ある種のがんを誘発するんじゃないかという話がアメリカで出ていて、補償問題にまで発展している。実際、ＥＵはグリホサートの使用を禁止している。

ただ、これは正直、科学的にはまだよくわからない部分もあって、研究者によってはガセネタだなんて主張をしている人もいる。

いずれにせよ、このようにいろいろと問題が指摘されているものを、日本では今も普通に使っている。それがもし人体に危険なことがわかって急に禁止ということになったら、国内の農業はかなりの打撃を受けるし、作物や果実の輸出や輸入にも大きな影響を及ぼすことは間違いない。

こういうリスクを最小限に抑えるためには、いろいろな選択肢を残しておくことが重要だよ。今のところ殺虫剤や殺菌剤は使わざるを得ないが、遺伝子組み換え作物みたいな新しい技術もただ毛嫌いをすることなく、安全性に配慮して運用していくことが大事だ。

今の世界の農業を支えているのは間違いなく農薬だけれど、やはり長い目で見ると農薬は減らしていった方が安全だよね。じゃあ、そのためにどうすればいいのかというと、やはり今の科学技術ではとりあえず、遺伝子組み換えで虫にあまり食われない作物を作っていくしかないと思うよ。

インフルエンザワクチン入り遺伝子組み換え野菜を開発

虫に食われないとか除草剤に耐性を持たせるだけじゃなくて、プラスの要素を作物に組み込んだ遺伝子組み換え作物というのもある。

例えば今、作物の中に遺伝子組み換えで体にいい特定の栄養素を入れるようなことが行われている。つまり、この野菜を食べるとサプリメントのようにいろんな栄養が補給できますよって話だ。

さらに最近では、インフルエンザワクチンを入れた野菜が開発されている。

つまり、遺伝子組み換え技術を使って、虫が死ぬ毒ではなく作物にワクチンを作らせてしまおうってわけだ。これはかねてから研究されている分野で、注射嫌いの子どもに向けてというよりも、医療施設がないような貧しい国とか、不衛生な途上国とかで使おうという目論見だ。

ワクチンを運ぶには一定の低い温度に保つ容器が必要だし、保存もちゃんとしなきゃいけない。だから、アフリカの貧しい地域とかで、住民にインフルエンザなどのワクチンはなかなか打てない。しかも、不衛生な環境なので、注射針から感染症にかかってしまう恐れもある。でも、これを野菜などの作物に作ってもらえば、運ぶのも保存も楽だし、食べるだけだから感染症の恐れもなくなるってわけだ。

遺伝子組み換え作物より怪しいのは新型コロナワクチン

遺伝子組み換え技術にしても農薬にしても一番重要なのは、安全性だ。

殺虫剤だって虫を殺せばいいわけじゃなくて、いろいろな試験を何度もやって国の基準をクリアして流通している。遺伝子組み換え作物もそうで、治験をちゃんと繰り返して国が危険ではないと判断をして認可をしている。

しかし、新型コロナウイルスのｍＲＮＡワクチンは、新型コロナの世界的な流行のどさくさに紛れて、ちゃんとした治験をせずに背に腹はかえられないって感じで世に出しちゃったから、まだどういう副作用があるかなんてわからない。

実際、今世界中で新型コロナワクチンを打った後に突然死をした人たちがたくさんいるという問題が指摘され始めている。遺伝子組み換え作物よりも、こっちの方がよほど怪しいよね。

もちろん、ｍＲＮＡワクチンのような新しい技術が開発されること自体は決して悪いことではないんだけれど、やはり人間がやることなので思わぬ落とし穴がある。

例えば昔、カネミ油症事件というのがあった。これはライスオイル（米ぬか油）という食用油を作る過程でポリ塩化ビフェニル（ＰＣＢ）という有害な毒が混入して、多くの健康被害を招いた事件だ。

つまり、ライスオイル自体は無毒でも、それを作る工程で過ちがあると、途端にそれは多くの人の健康を害する毒となってしまうということだ。

遺伝子組み換え作物も、作る工程で遺伝子を入れる時のベクターという遺伝子を乗せる乗り物みたいなものがあるんだけれど、実はそれに毒があったり病原性があったりすると、すごく深刻な事態が引き起こされてしまうという問題もある。

だからこそ、何回も何回も治験をして安全性を確かめて、作り方も絶対これで安全と確認してからでないと市場に出してはいけない。

今述べたように原理的には安全であっても、試してみなければわからないというのが新しい技術の問題点なのだ。しかるに新型コロナウイルスのｍＲＮＡワクチンは原理的に危険なワクチンだったのだ。私が一番怪しいと思ったのは、次のようなことだ。

新型コロナウイルスのスパイクタンパク質を作る情報を持ったｍＲＮＡを注射すると、ｍＲＮＡが細胞の中に入り、この細胞はスパイクタンパク質を作る。このスパイクタンパク質は細胞の外に放出され、免疫系がこれを抗原として認知して、これに対応する抗体を作る。

さて、本物の新型コロナウイルスが侵入したとする。新型コロナウイルスのスパイクタンパク質は細胞に刺さってここから侵入しようとするが、スパイクタンパク質の抗体はスパイクタンパク質をブロックして侵入を阻止して感染を予防する。

不運にも感染すると、感染細胞はウイルスを分解してスパイクタンパク質を含むウイルスのタンパク質を細胞の表面に提示して、「私は感染しました」と免疫系に知らせる。すると、キラーT細胞という免疫細胞がこれを見つけ、感染細胞もろともウイルスをやっつけてしまう。

そして、既に感染したり、ワクチンを打っていたりして免疫ができている人にmRNAワクチンを注射して投与したとする。すると、mRNAが中に入った細胞はスパイクタンパク質を作り、細胞の表面に提示するだろう。免疫系はこの細胞を「新たな感染細胞」と見なして攻撃するはずだ。だからmRNAワクチンは原理的に危険なのだ。それを治験もしないで市場に流通させるのは、とんでもない犯罪だと私は思うね。

日本政府が掲げる「みどりの食料システム戦略」は綺麗事

さて、長々とmRNAワクチンの危険性について述べてきたが、遺伝子組み換え作物はmRNAに比べてはるかに安全だが、実は日本ではまったく検討されていないのだ。

２０２１（令和３）年５月、日本政府は環境に配慮し、食料・農林水産業の生産力を上げ、持続可能性を高めるために、「みどりの食料システム戦略」というものを策定して、２０５０年までに以下を目標とするという。

・農林水産業のＣＯ$_2$ゼロエミッション化の実現
・化学農薬の使用量をリスク換算で50％低減
・化学肥料の使用量を30％低減
・耕地面積に占める有機農業の取組面積を25％、１００万ha《ヘクタール》に拡大
・２０３０年までに食品製造業の労働生産性を最低３割向上
・２０３０年までに持続可能性に配慮した輸入原材料調達の実現
・エリートツリー等を林業用苗木の９割以上に拡大
・ニホンウナギ、クロマグロ等の養殖において人工種苗比率１００％を実現　等

「遺伝子組み換え作物」なんて言葉はどこにもないよね。そう、政府はこういう技術を用いることなく、農薬や化学肥料をなるべく使わない有機農法で生産力向上を企てていくと

言っている。

ただ、これは正直ほとんど不可能だと思うよ。

「有機農業」には地球にも体にも優しいイメージがあるけれど、実は農家にはちっとも優しくない。実際に、農薬を使わずに家庭菜園でもやってみるといい。すぐに害虫が大量に群がってくるし、病気にかかって全滅なんてことも珍しくない。

私の家庭菜園でもキュウリやトマトなんかはひどい。キュウリは農薬を使わないと、すぐにウリハムシが寄ってきて葉が穴だらけに食われてしまう。トマトはオオタバコガの幼虫に実の中身だけを食われてしまう。

そういう被害がもっと大規模になるわけだから、農家は大変だよ。農薬を使わないで、害虫駆除を手作業でやろうとすると、人手がかかり、作物の価格は高騰するだろう。

「綺麗な野菜ほど毒」という意識の変革が大事

それでも本当に国が有機農業を進めようと言うなら、まずは日本人に「野菜は虫がくっついていて当たり前」「野菜は虫に食われて穴だらけなのが当たり前」という教育を徹底して、それを新しい常識として定着をさせることだね。

今、農家が安全性にも疑問がある農薬を使い続けるのは、収穫量を減らしたくないということもあるけれど、ピカピカの綺麗な野菜じゃなければ売り物にならないってこともある。

だからまずは、こういう「綺麗な野菜ほど毒だ」という風に国民の意識を変えていくことが大事だ。虫食いだらけの野菜を見て、「安全で美味しそう」ってならないことには、いくら有機野菜の旗振りをしたところで定着しない。

そこに加えて、「化学農薬の使用量をリスク換算で50%低減」というのもかなり難しいよね。農薬にもいろんな種類があって、体に優しい農薬と毒性が強い農薬があるんだけれど、どうしても体に優しい農薬はコストが高くなる傾向がある。それなりに効果があっても、コストが高くなると野菜の価格が上がってしまうから結局、農家はコストパフォーマンスのいい農薬を使うことになる。

例えば、家庭菜園をやっていて強い農薬を使いたがらない人は、虫を殺すのに酢を使うことが多い。アブラムシなんかには酢をふりかけるとそれなりに効果がある。しかも、酢だから人間には無害だ。しかし、通常の農薬に比べたらかなりコストが高くなるし、効果も薄い。

そこに加えて、作物には虫だけじゃなくていろんな菌がくっついて黒星病とかにもなってしまうことがあるが、それはやはり酢じゃなかなか防げない。

だから結局はそれなりに強い農薬をまかないといけない。しかも、「農薬の使用量を減らす」には少ない量でしっかりとした殺虫や除菌の効果がないといけないわけだから結局、昆虫に対して毒性の高いものを使わざるを得ない。表面的には、量や回数は減っているけれど、毒が強くなっているわけだから、自然環境へのリスクはむしろ高くなってしまう。


私はこれまでいろんな本や講演で「ＳＤＧｓは誰もが反対できないような綺麗事を並べたばかりで、実際は実現不可能なインチキ話」だということを指摘してきたけれど、この「みどりの食料システム戦略」はＳＤＧｓとよく似ている。

有機農業も減農薬もできれば素晴らしいことだけれど、それができないから今の人類の農業は農薬に頼っているわけだ。そういう意味では、この戦略は立てたはいいけれど、絵に画《か》いた餅になる可能性が高い。「ＳＤＧｓ」にしても「みどりの食料システム戦略」にしても、やっているフリだけで実効性のないお題目だ。何らかの利権が絡んでいるんだろうね。

野菜工場は普及するか

だったら、農薬を使わないような農業は難しいのだろうか。今はまだ普及していないが、「野菜工場」の将来性について考えてみたい。

これは工場というだけあって、室内に土の代わりに培養液を敷きつめた土台に苗を植えていく水耕栽培が多く、太陽の代わりにＬＥＤを光源にしている。外部から完全に遮断された空間なので害虫がいない。

つまり、殺虫剤を使わなくていい。また、殺菌や滅菌を徹底した衛生的な環境で作物を作れるので、病気などの心配も少ない。

そこに加えて、天候に左右されない。台風や冷害で作物が全滅なんてことはない。しかも将来的には作物生産力の最大のネックである「土地」の問題を解決できる。自然の土地で作物を作る場合、その面積の中でどれだけの作物ができるかの上限が決まってしまう。

しかし、野菜工場の場合、培養液を敷きつめた台を何層にも重ねたり、フロア自体を2階、3階と積み上げたりすれば、自然農法で収穫できる作物量の何倍も収穫できる。

そう書けばいいことずくめの野菜工場だけれど、大きな課題がある。それがコストだ。工場の中なので24時間体制で空調や水を管理しなければいけないし、LED光源の電気代もかかる。生産量を高めようとすれば、エネルギーコストが膨大になるという悩ましい問題がある。

あとは最初に工場の建物を建てるのに初期費用がかなりかかるので、零細な農家が単独でやるのは難しい点だろうね。

こういった問題はあるにしても農薬を使わない、天候に左右されない農業というのは魅力的だ。コストの問題をクリアできれば、野菜工場が日本の作物生産で重要な役割を果たすようになる可能性は高い。将来、核融合発電が普及して、安価な電力が供給されるようになれば、夢ではないかもしれない。

ただ、遺伝子組み換え作物だろうが野菜工場だろうが、今の農業生産体制をちょっと強化した程度では、日本人全員がタンパク質を摂取できるほどの家畜の飼料を作るのは現実的じゃない。

この章でも述べたように、肉の国内自給率は牛肉が11%、豚が6%、鶏肉が9%しかない。約90%の飼料は海外頼みってことは、これが断ち切られてしまったら日本で肉はまったく作れないということだ。

じゃあこの未曾有のタンパク源危機をどう乗り切るかというところで、コストがかからずにしかも爆発的に増殖をする「昆虫食」という選択肢が浮かび上がる。

そこで次章では、「昆虫食」について考えてみよう。

第3章

昆虫食のススメ

2013年FAOが昆虫食を推奨した経緯

日本では「昆虫食」というとまだゲテモノ食いみたいなイメージが強いけれど、実はもうずいぶん前から世界では「未来の食料」として注目を集めている。

例えば、2013年に国際連合食糧農業機関（FAO）は世界の食料危機の解決に、栄養価が高い昆虫類の活用を推奨する報告書を発表している。最大の理由は第1章でも説明したように、人類が必要なタンパク質を作るのに最も効率がいいってことだ。

牛で生体を1kg作るのには10kgの飼料がいる（**表参照**）。豚では5kg、鶏では2・5kg。それに対して、コオロギなら1・7kgぐらいで済む。生体1kgの中に入っているタンパク質量の割合は、牛で8%、豚で12%、鶏で12%に対し、コオロギは16%に上る。

だから近い将来、世界で食料危機が発生してタンパク源が不足した時に、牛や豚の肉をたくさん生産する代わりに昆虫を生産して食べればいいって話だ。しかも、昆虫はタンパク質だけではなくキチン質なんかも入っていて、栄養的にもバランスがいいので、人間にとって健康的である。

表　生体1kgを作るのに必要な飼料

種類	必要な飼料（kg）	生体1kgの中に入っているタンパク質量の割合（%）
牛	10	8
豚	5	12
鶏	2.5	12
コオロギ	1.7	16

さらに、昆虫食は地球環境的にもステキだ。

タンパク源が不足する日がくるという話を信じられない人は、今よりも牛や豚をたくさん生産すればいいと考えるだろうけれど、それをやるためには穀物をたくさん作らないといけない。すると、その分、野生動物の食べ物を奪うことになる。

なぜかというと、この地球上では、「生産量」には限度があるからだ。

「肉食」を続ける限り環境破壊が進んでいく

植物は光合成をする。光合成で作った有機物は自分が生きるために用いるわけだが当然、「余り」がある。光合成で作った総生産量から、植物自身が使うエネルギーを引いたものを「純一次生産量」（NPP：net primary production）という。天候によって多少違いはあるけれど、大体計算すると地球の陸上全体で毎年564億t前後だと言われている。

ではこの564億tは誰が使っているのかというと、我々人間や動物、虫、キノコ、細菌などだ。自分で光合成をしてエネルギーを作ることができないすべての陸上生物はこの564億tを利用して生きているんだ。

564億tという上限があるから、地上ではこれを超えた食料はできない。ということは、地上の人間や動物や虫の数にも実は上限があって、それを超えてしまうと飢え死にしてしまうということなのだ。

そして、そんな限りある「純一次生産量」を地上で最もたくさん使っている種が、人間だ。世界では今、26〜27億tの穀物が作られており、野菜が約11億tなので合わせて37〜38億t。純一次生産量564億tのうちの6〜7%を人類が使っている計算だ。

「それだけしか食べていないならもっといけるんじゃないか」と思うかもしれないけれど、地上でこんなにたくさん、純一次生産量を使っている動物は他にいない。

つまり、人間がこれからもっと増えて貧しい国の人々も肉や野菜をたくさん食べるようになってきたら、野生動物や虫が食べている食料をどんどん奪ってそれらの生物を絶滅に追い込んでしまうことになるわけだ。

そういう残酷な現実をごまかすために、ＳＤＧｓとか「持続可能な農業」とか綺麗なスローガンを並べているけれど、我々人類の数が増加していく限り環境破壊は進んでいく。

例えば、家畜の餌である穀物の生産量を上げるには耕地を増やさないといけないので、結局は草原を開墾したり、森林を切り払って耕地にしたりしなくてはいけない。そうすると当然、草原や森林にディペンドしていた野生動物や虫の食べ物がなくなる。食べ物がなくなればどんどん絶滅していく。

つまり、そこにいる野生動物や昆虫を直接殺してもいなければ食べているわけでもないけれど、間接的には彼らを絶滅に追いやっているんだよ。

昆虫はタンパク質、ミネラルが豊富、脂肪分は牛肉より少ない

タンパク源不足と環境破壊という、人類が直面している現実を踏まえると、どうしたって「昆虫食」という選択肢が浮かび上がる。ＦＡＯがあのような報告書を出すのもゆえない話ではないのだ。

そう聞くと、昆虫食は人類が窮地に追いつめられて嫌々やらなくてはいけないもののよ

うに感じるかもしれないけれど、まったくもってそうではないのだ。

ひとつは栄養バランスだ。

虫の種類にもよるが、タンパク質やミネラルが豊富で、脂肪分が牛肉や豚肉より少ないものもある。そういう意味じゃ昆虫は健康食だよ。

もうひとつの利点としては「多様性」に富んでいる。今人間が食べている家畜は牛、豚、鶏って感じであんまり多様性がないよね。そこに山羊とか羊とかが加わっても「種」としては10もいかない。

でも、虫には本当にいろいろな種類があって、地球上に一説では3000万種いると推定され、多様性が極めて高い。

例えば、昆虫食の研究家である内山昭一さんの本（『昆虫食入門』平凡社刊、『楽しい昆虫料理』ビジネス社刊）には、いろいろな昆虫のタンパク質と脂肪の含有量が載っている。それによれば、カイコのサナギは鶏卵と同じ量を食べたら、鶏卵とほぼ同じタンパク質と脂肪を摂取できる。一方で、イナゴは鶏卵と比べると高タンパク質で低脂肪だ。コオロギやマダガスカルゴキブリなどはタンパク質と脂肪のバランスがいい。だから筋トレとかやっている人は、イナゴがお勧めだ。

人類は虫を食べて暮らしていた

食料危機も解決できるし、環境破壊も食い止めることができるし、おまけに栄養バランスもいい。だが、そんな昆虫食に多くの日本人が拒否反応を示している。いろいろ理屈をつけているけれど単純に「気持ち悪い」というのが本当の理由だろう。

ただ、これも微妙な話だ。

我々人類はもともと昆虫を食べていた。人にとっては自然の行為だった。人類はもともと生物学的にも「雑食」だ。だから、肉だけを食べてきたわけでもないし、穀物だって今のようにメインに食べてきたわけでもない。いろんなものを食べてきたわけだから当然、虫も食べてきたはずである。

ただ、腸の長さを見ると人間は「肉食」に近い。体長に対して腸がどれくらいの長さがあるのかを調べると、ライオンと人間の比率はそれほど変わらない。穀物や草を食べる草食動物はもっと長いということを踏まえると、もともと人類は主に肉を食べる生物だった可能性が高い。

ちなみに、欧米人は肉食で腸が短くて日本人は穀物食で腸が長いなんて都市伝説みたいな話があるけれど、あれはウソだ。日本消化器内視鏡学会雑誌に発表された調査によると、アメリカ人も日本人も腸の長さに差がなかったそうだ。

じゃあ、いつから人類は肉を食べ始めたのかというと、250万年前のアウストラロピテクス・ガルヒからだと言われている。しかし、その頃まだ「スカベンジャー」（死肉食い）だった可能性が高い。大型の哺乳類を狩りで仕留めるなんてことができなかったので、他の動物が食べた残りを漁っていたのだろう。

でも当然、それだけじゃ十分にタンパク質は摂取できないので、別のタンパク質を摂っていたに違いない。恐らく、昆虫をたくさん食べていたんだと思う。もちろん、木の実や果実も食べていたはずだ。

肉を食べるようになったことで脳が発達して徐々に賢くなり、道具を作り出し、狩りも集団で効率的に行う「ハンター」に進化していった。もちろん、動物の肉ですべての食料が調達できるわけもないので、他にも様々なものを食べていたのだろう。そして1万年前くらいに農耕を発明して、穀物の栽培を始めたわけだ。

つまり我々はもともと肉と一緒に昆虫を食べてきた。実際、我々の祖先から枝分かれしたサルやチンパンジーも虫が大好物だ。ニホンザルはバッタやゴキブリ、チンパンジーはシロアリを好んで食べる。

古代ギリシアでバッタは「四枚の羽を持つ鶏肉」として売られていた

人類が虫を食べてきたという動かぬ証拠が世界中で今も残っている。それは「昆虫食」という食文化だ。

昆虫食研究をしている野中健一さんによれば、昆虫は世界中で食べられている。アジアやヨーロッパ、アメリカ大陸などいたるところで昆虫食の習慣がある。

なんでこんなに広範に見られるかというと、「虫を食う」ということが人種や文化などに関係なく、人類にとって普遍的な行為だったからだ。

例えば、ヨーロッパ文明の礎になった古代ギリシアでも虫はよく食べられていた。哲学者のアリストテレスが『動物誌』の中でセミの幼虫がうまいと書いているのは有名だ。

また、紀元前4世紀の詩人アリストファネスは、バッタが鶏肉屋で「四枚の羽を持つ鶏肉」として売られていた、と書いている。「聖書」でも、時に大発生して農作物を食い荒らすバッタは食べて良いと説いているし、イスラム教の創始者マホメットも「コーラン」の中で、「魚とバッタを食べるのは法の許すところである」と説教している。

古代中国でも虫は宮廷料理として重宝されていたし、アジアやアフリカの市場では今も肉よりも高価な虫が売られている。

つまり、もともと虫は、動物や魚と同じように人類が当たり前のよう食べてきた食料なんだ。

それは日本も変わらない。

先に紹介したように平安時代に書かれた現存最古の薬物辞典『本草和名』にはイナゴを食べていたことを示す記述がある。ヨーロッパや中東、アジア全体で見られる「イナゴ食」という普遍的な食文化が日本にもあったということだ。

実際、1919（大正8）年に昆虫学者の三宅恒方《みやけつねかた》が全国の昆虫食を調べた「食用及薬用昆虫ニ関スル調査」によれば、イナゴは国民の50％以上が食べていたそうだ。イナゴというと、今では長野県など一部の地方の食文化だと誤解されているけれど、実際は牛肉や豚肉以上の「伝統的な国民食」だったのだ。

大正時代、日本全国で55種類もの虫が食べられていた

こうした「イナゴ食文化」は日本全国の稲作をしていたところを中心に広まっただろうけれど、その中でもやはり海のない内陸地域では、貴重なタンパク源として重宝された。わかりやすいのは長野県だ。海がないのでコイの養殖をしたりして川魚を食べる一方で、イナゴとか蜂の子などの虫を食べてタンパク質不足を解消していた。

有名なのは、伊那谷地方のザザムシだな。これはトビケラ、カワゲラ、ヘビトンボなど、川の瀬に生息する川虫（水生昆虫）のうち「食用」にする幼虫の総称だけれど、冬に天竜川の川底をさらって捕まえて、主に佃煮にして食べる。これは長野県特有の文化かというとそんなことはなく、かつては東北地方などでも見られたそうだ。

先に記した「食用及薬用昆虫ニ関スル調査」によれば、なんと全国で55種類ほどの虫が食べられていたという。それぞれの地域で、それぞれの食料事情に合わせて、日本人は当たり前のように昆虫食をしていたのだ。

例えば、明治になって養蚕が盛んになってくると、カイコのサナギをよく食べていたようだ。養蚕は繭《まゆ》から糸だけ取るので、繭の中身、すなわちサナギはもう不要だけれど、もったいないから食べ始めたのだろうね。

私が山梨大学に勤めていた頃、そこの事務員の人が養蚕業が盛んな地域の出身で、小さい時によくカイコのサナギを食べたと話してくれた。

このサナギ、古くなると粉臭《ふんしゅう》という粉の臭いがしてあんまりうまくないんだけれど、新鮮なものはうまいと言われていて、今も昆虫料理屋さんで出されている。揚げたものはわりと人気みたいだね。

昆虫食は日本古来の伝統食

１９１９年の三宅恒方のやり方にならって、先の野中さんが１９８６年にあらためて全国で昆虫食を調べて、『昆虫食先進国ニッポン』（亜紀書房刊）という本の中で「昆虫食日本分布図」としてまとめている。

それを見ると「食用及薬用昆虫ニ関スル調査」に掲載されていた数よりもかなり減ってしまったけれど、それでも北海道から沖縄まで全国すべてで昆虫食は確認された。

昆虫食というとどうしてもイナゴのイメージから長野県や岐阜県の印象が強い。そのため、「昆虫食は魚を獲ることができなかった地域でタンパク質不足を補うために盛んになった」という説が唱えられた。確かに、「海なし県」の地域は魚がたくさん獲れないのは事実だし、昆虫にそういう役割もあったんだろうけれど、先の野中さんや内山さんが調査したところによれば、漁業が盛んな海岸の村などでもイナゴ食が行われていて、わざわざ山間部の田んぼまで行ってイナゴを採って食べていたという話もある。魚があってもたまにはイナゴを食べたいという人がいたんだな。

つまり、昔の日本人にとって昆虫食はタンパク質不足を補うという役割もさることながら、「食べたい」と感じる伝統的な食文化だったのだろう。

そんな風に当たり前のように昆虫を食べていた日本人が、どんな虫を好んで食べていたのかを見ていこう。

たくさん食べていたということはたくさん生息していたということで、日本の気候や環境に合う虫だね。これから食料として計画的に養殖をしようと考える際に候補になる。しかも、全国で食べていたということは、日本人の味覚にも合うということだ。

先の「昆虫食日本分布図」で見ると、やはり多いのは国民食のイナゴで45の都道府県で食べられていた。そして、それに迫る勢いなのが「蜂の子」で42、そして「カミキリムシ・ガの幼虫」が29、「カイコのサナギ」が27、「ゲンゴロウ・ガムシ」が8、「トビケラ・カワゲラ、ヘビトンボなどの水生昆虫の幼虫」が6、そして「セミ」が5つの都道府県で食べられていた。

江戸の子どもにイナゴは「スナック菓子」のように愛されていた

名前を聞いてもどんな虫かイメージがわかないという人も多いだろうから、順番にどんな虫なのか、そして味はどんな感じなのかを説明していこう。

イナゴの佃煮

まず、イナゴは先ほども紹介したように、世界でも日本でもかなり古くから食べられている。その名の通りで、イネの葉っぱや茎を食べるバッタの仲間で、日本ではコバネイナゴという種類がポピュラーだ。

イネを食べるのでいわゆる「害虫」なんだけれど、実際に繁殖して出てくるのは米の収穫の時期だからそれほど被害はないという人もいる。確かに米を収穫した後なら、茎を食われても問題ないからね。

そんなイナゴだけれど、日本人にとって伝統食というか、国民的な人気を誇るスナック菓子のように親しまれていた。1853年の『守貞謾稿』にも江戸の風物詩として「イナゴの蒲焼屋」があってイナゴを串刺しして醤油をつけて焼くと、子どもがたくさん買いにきたとある。当時の子どもにとって、イナゴは駄菓子屋で売っているおやつみたいものだったわけだ。

昭和に入ってからもイナゴ食は廃れることなく、東京の乾物屋でイナゴの佃煮やつけ焼きが売られていた。確かに今も東京の老舗の佃煮屋でも魚や貝の佃煮にまじってイナゴの佃煮も見かけるね。

イナゴは食料危機の日本を救った元祖非常食？

そんな「日本の伝統食イナゴ」が国民食として一気に普及をした時期がある。太平洋戦争の時だ。

海外からの輸入品が入ってこなくなって食料不足が叫ばれるようになると、イナゴはタンパク質とカルシウムも補給ができるということで推奨されて、地域によっては学校給食に取り入れられるようになった。イナゴは子どもでも捕まえられるし、食材としても安い。イネを荒らす害虫対策にもなるので、一石二鳥ってことだったんだろうね。

だから戦争を経験している世代からするとイナゴは馴染み深い。ただ、その反応は必ずしも好意的なものだけじゃない。

先に紹介した『昆虫食先進国ニッポン』には当時のいろいろな体験談が掲載されているんだけれど、疎開先ではじめて食べて美味しいと感じた人もいれば、学校で給食にするからと、お茶碗1~2杯分のイナゴを採ってくるように先生に言われて採ってきた、イナゴ給食は不人気で誰も食べなかった、という人もいる。

また、イナゴを採ってきて自分で食べないで、家で飼っていたニワトリの餌にしていたという興味深い話もある。

いずれにせよ、海外から食料が入ってこなくなって日本国内で自給自足をしなければいけなくなったら、我々はイナゴに限らず虫を食べなくては飢えてしまうということを、戦争という歴史が証明している。この状況は現代も変わっていない。というよりも、戦時中ほど米を作らなくなってしまったという意味では有事での食料危機は「悪化」していると言えそうだ。

つまり、食料危機になったら戦時中の人たちよりも昆虫食に依存しなくちゃいけないかもしれないということだ。

では、太古の昔から日本人に愛され、戦争の時には非常食にもなったイナゴはどんな味がするのかというと、「小エビ」と似ている。

日本最古の百科事典と呼ばれる『和漢三才図会』（1713年）ではイナゴの味について、「味甘味にして小蝦の如し」と紹介されており、長野県ではイナゴのことを「陸蝦」（おかえび）と呼ぶ地域もあるほどだ。つまり、日本全国でこれだけ食べられているということは、小エビのように日本人が親しみやすい味だからかもしれないね。

「フグの白子」にたとえられる蜂の子

そんなイナゴと人気を二分するのが「蜂の子」だ。これはハチの幼虫とサナギのことだ。ハチミツなら美味しいけれどハチやその幼虫を食べるなんてとんでもないと思うかもしれないが、これも日本のみならず世界中で好んで食べられていた。

スペインの東部にアラーニャという場所があって、そこに紀元前6000年ごろの人類が住んでいたと思しき洞窟があって、いろいろな壁画が描かれている。その中には、籠を

蜂の子（クロスズメバチ）（一般社団法人長野伊那谷観光局）

持った女性がミツバチの巣に手を突っ込んでいる描写がある。我々人類がこんな時代からハチミツを食べていたことの物証とされているが、ハチミツと同時に蜂の子も食べていたに違いない。

じゃあ、日本ではどんな風に「蜂食」は行われているのか。簡単な方法は、巣を棒などで叩き落として中の幼虫やサナギをつまみ出す。それを生で食べたり、フライパンで炒めていろいろな味付けをして食べる方法だね。

種類はまちまちでアシナガバチもいれば、スズメバチもいる。しかし、最も人気があるのはクロスズメバチの幼虫だ。土中に巣を作るので、これを掘って幼虫やサナギを食べる。このハチを食べたいばかりに飼育している人もいる。

では、蜂の子はどんな味がするのか。オオスズメバチの蜂の子は大きくて食べごたえがある。恐らく、一番美味なのはオオスズメバチの前蛹《ぜんよう》（幼虫からサナギになる前段階）だ。巣は土の中にあることが多く、掘り出して採るのは極めて危険だが、味は絶品である。これをちょっと湯がいて、わさび醤油をつけて食べると、上質なフグの白子を食べているようだ、なんて形容される。

一番ポピュラーなクロスズメバチの蜂の子の食べ方は、焚き込みご飯、佃煮や甘露煮で、今でも甘露煮の缶詰が売られていて、人気の商品だ。

ファーブルも絶賛！ 昆虫食の王者・カミキリムシの幼虫

次に多いのがカミキリムシ、ガ（蛾）の幼虫ということだが、ガの幼虫はあまり食べられなかったと思われ、ほとんどは長い触覚や脚が特徴的なカミキリムシの幼虫だ。日本ではイナゴ食と蜂食の次にポピュラーなのはカミキリムシだが、幼虫の見た目は「白いイモ

カミキリムシの幼虫（ゴトウムシ）（伊那市創造館）

ムシ」という感じで、どてっとしていて、生木や枯木を食べている。食料になるのは生木の幹を食べているやつだ。幼虫は「テッポウムシ」「ゴトウムシ」などと呼ばれるが名前の由来はよくわからない。また、生木を食べて枯らしてしまうことから、「害虫」でもある。最近、サクラやモモを枯らすクロジャコウカミキリが大害虫として問題になっているが、これも食用になると思う。

カミキリムシの幼虫は、昆虫食愛好家の中ではかなり人気が高い。脂身たっぷりで甘味があることから、「マグロのトロのよう」なんて形容される。中でも大型のシロスジカミキリが絶品だそうで、刺身でいただいてもよし、甘辛のタレで焼いてもよしで、前出の内山さんも、「昆虫食の王者の風格がある」なんて称賛されている。

そういう高い評価は昔からあったようで、海外でも『昆虫記』で知られるファーブルがヒロムネウスバカミキリの幼虫を試食して、「汁気が多くて柔らかく、なかなかの風味がある。煎ったアーモンドのような味で、ほんのりバニラの香りがするのである。結局のところ、蛆虫料理はけっこういけるのだ。いや、それどころか、素晴らしく旨いと言ってもいい」（奥本大三郎訳『完訳 ファーブル昆虫記 第10巻上』、集英社）と記している。

では、生木食のカミキリムシの幼虫はなんでこんな魅力的な味なのかというと、やはり生木を食べているので、その香りがついているからだという説がある。また、内山さんの栄養表を見れば、タンパク質が乾量ベースで体重の45・8％、脂肪が44・4％だから、タンパク質と脂肪の塊を食べるみたいなものである。確かに、カミキリムシの幼虫は白くてどてっとしてるからマグロの大トロのような印象だが、実際に食べた味もそれに近い。

薪からガスへのエネルギー革命で消えたカミキリムシの幼虫

そんなカミキリムシの幼虫だけれど、その濃厚な味と豊富な栄養から「薬」として重宝されていた時代もある。

例えば、江戸時代、カミキリムシの幼虫は夜泣きや疳《かん》の虫の薬として「保童圓《ほどうえん》」という名で市販され、流行したという。

こういう名残は昭和まで続いて、野中さんが調べたところ、体の弱い子どもや神経症に悩む人にカミキリムシの幼虫を食べさせる風習が各地に残っていたそうだ。

ただ、カミキリムシの幼虫を食べる習慣はイナゴや蜂の子と異なって現在ではほとんど消えてしまった。野中さんの1986年の調査でも食べた経験のある人はかなりいたが、「今も食べている」という人はほとんどいなくなったということだ。

その理由は単純明快で「入手できる機会がなくなってしまった」からだ。木の中にいるカミキリムシの幼虫を見つけるには、木を伐採しなくてはいけない。かつては薪炭林《しんたんりん》があり、定期的に伐採されていた。薪や炭が燃料だった頃は薪を割ることが日常的に行われていた。この時にカミキリムシの幼虫が転がり落ちてきたのだ。

しかし、燃料革命が起こり、薪炭林が不要になって、この機会は失われた。カミキリムシの幼虫を入手することが極めて困難になったのだ。

食料というのは栄養や味の前に、日常生活の中でそれほど苦労せずに採集できるということが重要なのだ。調達しにくいものは安定的な食料にならない。カミキリムシの幼虫食はエネルギー革命によって消えてしまった「失われた食文化」と言えるかもしれない。

それは同じカイコのサナギ食にも言える。

野麦峠の女工たちの命を救ったカイコのサナギ

先に話したように、「カイコ」と呼ばれる白いイモムシは絹糸を作り出す養蚕業のために人間が家畜化したカイコガ（クワコ）の幼虫である。カイコガの幼虫はクワの葉を食べてサナギになる時に、自分の口から糸を出して、自らがくるまる「繭玉」を作る。それを煮るか蒸すかしてサナギを殺して繭玉の糸を巻き取っていくことで絹糸は作られる。

養蚕業の歴史はかなり古い。世界的にも紀元前２７００年ごろの中国で養蚕は行われていたようだし、日本でも『古事記』や『日本書紀』に登場するので、３世紀ごろには既に行われていた。「カイコ」は完全に人間がコントロールした家畜のような存在で、幼虫は枝にとまれないし、実際、成虫のガになっても空を飛べない。

養蚕の歴史は古いが、日本におけるカイコ食の歴史はそんなに古くない。

繭玉を巻き取って残ったサナギを食べることは現在でも、中国、タイ、ラオス、ベトナムなど東アジアでよく見られる。国によっては市場で他の食材と同じように並べられるほどポピュラーだが、日本では必ずしもポピュラーな食材ではなかった。

なぜかというと、独特の臭みがあるからだ。生きたカイコのサナギはほとんど臭みがない。しかし、これを熱湯や蒸気で殺してしばらくすると臭くなる。内山さんの本によれば、これは皮と中身の間に多く含まれる油が劣化するからだという。

じゃあ、サナギを生で食べたり幼虫を食べたりすればいいと思うかもしれないが、カイコはあくまで絹糸を作ることが目的の家畜で、幼虫は「おカイコさま」と呼ばれるほど大事にされていたので、幼虫を食べるという発想は少なかったみたいだ。長野の一部の地域ではカイコの幼虫を食べていたようだけれど、基本は「熱処理済で臭みのあるサナギ」を食用としていた。

そんなカイコをよく食べていた人たちが、明治以降、急激に増えた製糸工場で働いていた女工たちだ。

　当時、絹産業は日本経済を支える基幹産業だったので、朝から晩まで大量の絹糸が生産された。農家から持ち込まれた繭玉を大釜で茹でてひとつずつ紡績機で糸を紡いでいく。その過酷な現場で働いていたのが、全国の貧しい農村からやってきた女工たちだ。

カイコのサナギ（Glucose/PIXTA）

　今でいうブラック企業よりも過酷な労働環境の中で、病気や過労で亡くなっていく女工が後を絶たなかった。

　そこで彼女たちが生き抜くための栄養補給として食べていたのが、カイコのサナギだと言われている。1979年に公開された「あゝ野麦峠」にも、女工たちがサナギをつまんで口に放り込むシーンがあるね。

　そんな感じで、一部の人たちが食べていたサナギはある時にいきなり全国の食卓に上がるようになる。なんとなくもうわかると思うが、戦時中だ。

イナゴ同様に、食料不足になった時に、貴重なタンパク源として推奨されていく。確かに、内山さんの本の栄養表にもあるように、鶏卵と同じ量を食べればほぼ同じタンパク質と脂肪が得られる。鶏卵不足の時代にはなんともありがたい非常食だったのだ。

ただ、残念ながらこれは現代には当てはまらない。なぜカイコのサナギが非常食になれたのかというと、当時、日本全国でたくさん養蚕農家があって、製糸工場もあったからだ。しかし、今は海外から安い生糸が大量に入ってくるので養蚕業は衰退して絶滅寸前だ。

例えば、富岡製糸場があり、繭と製糸が日本一の生産量を誇った群馬県でも、繭の生産は1968(昭和43)年度の2万7000tを戦後のピークとして、その後は大幅に減少してついに2022(令和4)年度は18・9t。ピーク時の1400分の1ほどになっている。これはつまり、「家畜」であるカイコも1400分の1に減少しているということだ。

今も長野県ではカイコのサナギがスーパーなどで売られているが、珍味という位置付けだ。とてもじゃないが全国民の非常食にはなり得ない。

薪炭林の衰退で、カミキリムシの幼虫という食文化が消えてしまったように、カイコのサナギを食べる文化も養蚕業の衰退とともに消えていく運命なのかもしれないね。

ゲンゴロウ・ガムシはコクがあって美味しいが苦い

その次に多いゲンゴロウ・ガムシは、甲虫の仲間で田んぼや池、水溜りに生息している。「三宅報告書」によれば、大正時代には秋田、岩手、山形、福島、長野、岐阜で食べられていたそうで、群馬や千葉でも食べていた地域があるそうだ。

食べ方は醤油の煮付けにしたり、揚げたり、囲炉裏にくべたりということだが、泥水の中で生息しているということで食べる前に一晩ほど綺麗な水につけて泥を抜いた方がいいかもしれない。

甲虫類と言うとなんとなくイメージができると思うが、鞘翅《さやばね》（甲虫類の前翅のこと。硬くなって甲羅のようになっている）があるので、そのままでは食べにくい。常食している東南アジアでは鞘翅をむしり取って食べているようだ。

私も食べたことがあるが、苦みと臭みが多少気になる。前胸にある防御物質の分泌腺から出る成分が原因のようだ。前胸を取って食べたらコクがあってうまい。もっとも、現在の日本ではゲンゴロウもガムシも絶滅危惧種で食べるどころではないな。

一方で、同じく水生昆虫にもかかわらず、臭みが気にならず逆に風味があると評価されているのが、トビケラ・カワゲラ、ヘビトンボ（幼虫はマゴタロウムシと呼ばれる）などの水生昆虫の幼虫だ。最も有名なのは、伊那市を流れる天竜川の「高級食材」として名高いザザムシだろう。

牛肉よりも高い？ 天竜川の高級食材・ザザムシは川藻の風味

ザザムシは今もネットで「伊那の名物 高級珍味」として売られていて、確認してみたら、「産直市場グリーンファーム」のオンラインショップでザザムシの甘露煮が40ｇで１３５０円だった。「柿安」という肉のオンラインショップで、「料亭しぐれ煮」という牛肉のしぐれ煮を見たら、「減塩牛肉しぐれ」80ｇで９７２円だから、いかにザザムシが高級かというのがわかる（２０２３年10月現在）。

そうは言っても、実際には「ザザムシ」という種名の虫はいない。トビゲラやカワゲラなど幼虫期を水中で過ごす昆虫の幼虫全体を指すもので、浅瀬で川が流れる「ザーザー」という音からとって名付けられたそうだ。

実際、野中さんの『昆虫食先進国ニッポン』によれば、伊那谷で売られているザザムシの佃煮加工品の中には11種類の昆虫が含まれていたという。つまり、いろんな幼虫を「ごった煮」にしたみたいなもんだ。

大正時代には長野の他地域でも食べられていたが、今は伊那谷でしか食べられていないようだ。天竜川漁業協同組合が管轄する水産資源で、伝統的なザルを用いて川底をさらうザザムシ漁は認可制となっている。

食べ方としては、やはりまずは綺麗な水に入れて泥を吐かせてから、佃煮にしたり、フキやサンショウ、醤油、砂糖で煮付けたりする。食感は小エビに近く、川藻の風味がほんのりとして濃厚なうま味が感じられることで病みつきになる人もいるという。お祭りや正月のご馳走にしたり、ご飯や酒の肴になるようだ。

伊那谷のザザムシは非常食という位置づけではなく、川魚などと一緒に食べられることも多かったようだ。昆虫食というと、「魚や動物が獲れない地域でタンパク質摂取のために食べられた」とよく言われるが、確かにそういう状況もあったかもしれないが、豊富な水産資源のある伊那谷での事例を見ると、昆虫は魚や動物と並列の、食べ物のレパートリーのひとつだったことがよくわかる。

セミならアブラゼミがダンゼン美味しい

かつて日本でよく食べられていた、いまひとつの昆虫がセミだ。

野中さんが全国各地で聞き取りをしたところ、長野や沖縄で食べられていて、大正時代には山形や群馬でも食べられていたという。

セミはザザムシのように大人が採集をするというより、子どもたちが「夏の遊び」としてセミ捕りをしてそのセミをそのまま食べるというケースが多い。親の立場からすれば、セミは集落の子どもたちが遊びながら食料を調達してきてくれるので、非常にありがたかったのだろう。

例えば、沖縄ではクマゼミとイワサキクサゼミを捕まえてきておやつ代わりに食べていた。長野でもそんな感じだ。ちなみに、内山さんの『昆虫食入門』には、中国の江蘇省やアフリカでも同じように子どもたちがセミ捕り遊びをしておやつにしていたと書いてあるので、もしかしたら太古の昔からセミは子どものおもちゃ兼食べ物だったのかもしれない。

セミの味はどうかというと、賛否両論ある。油で揚げて食べることが多いようだけれど、実際食べた人の中でもサクサクした食感やナッツのような香りがあってすごくうまいと言う人もいれば、殻が硬くて食べにくいと言う人もいる。それはセミの種類にもよるのだろう。クマゼミは殻が硬そうだ。

例えば、作家・井伏鱒二は『スガレ追ひ』という作品の中で、アブラゼミを絶賛している。内山昭一さんはアブラゼミの幼虫はナッツの味がしてセミの中では一番美味だと言っている。

一方で、『昆虫記』で知られるファーブルは、あんまりうまいとは言っていない。ただ昆虫食の専門家によれば、これはファーブルの調理方法がよくなかった可能性があって、たくさんの油でカラッと揚げなかったから皮がカリカリしてなかったのでは、なんて話もある。

ただ、イナゴとか蜂の子、ザザムシというファンの多い昆虫食と比べて、やはり調理が難しいのは事実のようだ。

実はこれまで、セミの幼虫は長野県で1963年ごろと1975年ごろの2回にわたって商品化されているが、いつの間にやら生産が途絶えている。セミの安定供給が難しかったそうだけれど、やはり「味」がそんなにウケなかったのかもしれない。

アメリカでは「17年ゼミ」をタコスにトッピングしていた

セミの幼虫は東京でも夕方頃に神社の境内などに行くと、地面の下からポコポコと出てくる。それがトコトコと歩いて樹の幹などにとまって羽化する。今の子どもはあんまりセミの羽化の場面とか見たことがないかもしれないけれど、すごく綺麗だ。アブラゼミも出てきた時はあんな茶色じゃない。透明なグリーンで、翅脈《しみゃく》（翅のすじの部分）もくっきりと浮き出ている。あの段階で食べたら柔らかくてすごくうまいかもしれない。幼虫とどっちがうまいだろうか。

日本ではセミ食はイナゴや蜂の子ほどには広まっていないけれど、海外ではかなりメジャーだ。中国やベトナムでは伝統的にセミを食べていて、日本にやってきた中国人が川口市などの公園でセミを大量に捕まえていると問題になっている。

セミが大量発生するような地域では、食べなきゃやってられないってほどわいて出るから、そこで食べ方が工夫されて、いろんな料理が作られているみたいだ。

その代表がアメリカだ。北米では13年とか17年の周期で、何十億匹という凄まじい数のセミが大量発生をする。その騒音はすごいけれど、数週間の命なので、後の掃除が大変だというのを除けば我慢できる範囲だ。これらのセミは羽化するタイミングが13年とか17年とかの素数なので「素数ゼミ（周期ゼミ）」と言われている。実は羽化する日も計算されたみたいに正確でみんな同時に羽化する。

じゃあ、なぜそんな正確な周期で大量発生するのかというと、それが「生存戦略」だからだと言われている。

何年も土の中にいて、ようやく地上に出たところで鳥とか小動物という天敵にバクバク食べられたら全滅してしまう可能性がある。そこで、天敵が食べても食べても食べ尽くすことができないほど一度に大量に地上に現れたら、捕食者は腹一杯でそれ以上食べられないので、交尾や産卵までこぎつけられる個体もたくさんいる。正確な周期でいっぺんに地上に現れることで、絶滅を回避しているってわけだ。

そんな「素数ゼミ」だが直近では２０２１年５月、アメリカ東部で「17年ゼミ」が出た。

アメリカ人の中にはこの「素数ゼミ」を食材にしようとする人がいて、例えば、現地のレストランでは、セミをトッピングにしたタコスを出したり、「ワシントン・ポスト」でもセミフライのレシピを紹介したりしていた。もともと原住民のネイティブアメリカンも素数ゼミを食材として利用していたようだ。

身の回りにたくさんいる生物を食べるというのは、生き物としては非常に自然な行為だ。日本でも海外でもセミは身近な食材だったのだ。

イナゴと蜂の子が養殖に向かないワケ

さて、ここまで日本人が長年愛してきた「昆虫食」を紹介してきた。日本がそう遠くない未来、確実に直面する深刻なタンパク源不足を解決するために、過去に食料として実績のあったものを振り返ってきたわけだ。

じゃあ、これまで紹介してきた日本古来の昆虫食は日本の食料危機を救う切り札になるのか。結論から言うと、これまで紹介してきた昆虫の中ではカイコ以外は「難しい」と言わざるを得ない。理由は養殖に向かないからである。

日本人がタンパク源不足にならないように食料として安定的に供給をするには、養殖が必要不可欠だ。自然にいる虫を捕まえて食べるのでは労力もコストもかかるので、現実的ではない。

まず、イナゴだが、養殖は今のところ難しそうだ。主な餌はイネ科植物の葉や茎で、大量に調達するのが大変ということもあり、国内でイナゴの大量養殖に成功したという話は聞かない。ただ、草原から大量の草を調達できれば、あるいは可能かもしれない。中国の河北省ではイナゴを養殖しているので、条件が良ければできそうだ。

では、蜂の子はどうか。自然のハチの巣を探すのはかなり大変で、食用のハチを養殖するにしてもスズメバチとかアシナガバチなどを大量養殖する仕組みづくりは非常に難しい。それはこれらの昆虫が社会性昆虫で、幼虫は働きバチから餌をもらって育つという習性があるからだ。幼虫を大量に人工飼育で養殖するわけにはいかないのだ。

ハチはむしろ幼虫を食べるよりはハチミツを食べる方が効率がいい。

実は日本のミツバチの飼育戸数は増加傾向で、２０１２（平成24）年は５９３４戸だったのが2022（令和4）年は1万1276戸まで増えている。これはこれで素晴らしいが、実はこんなに増えても日本国内のハチミツの流通量約5万tの中の約5%しか補うことができない。ハチを食料自給率拡大の切り札にするのは無理だろう。

日本の食料自給率アップのカギはカイコ

ゲンゴロウ・ガムシ、トビケラ・カワゲラ、ヘビトンボなどの水生昆虫の幼虫も食材として一般的とは言えないし、養殖も難しいそうだ。

セミは微妙だ。幼虫は根から樹液を吸っているので餌の問題はクリアできるだろう。実際、中国では江蘇省などで、食用ゼミの養殖をして地域活性化にも貢献しているなんてニュースがあるので、やってやれないことはないと思う。日本ではセミの養殖をしているという話は聞かないがセミ食がポピュラーになれば、産業として成立する可能性はある。

こういう現状を踏まえると、これまで日本人が愛してきた昆虫食の中で唯一、食料として安定的に供給ができる可能性があるのはカイコだ。

前にも説明したように、カイコはもともと絹を作るために家畜化した虫だからすごく簡単に大量生産ができる。餌もクワの葉をあげておけばいいし、今は技術が進んでクワのフレーバーをつけた人工の餌などで飼育することもできる。その餌でカイコの味や栄養を調整することもできる。

これまでは生糸を作る繭玉のための副産物として食べていたわけだけれど、考え方をちょっと変えて食料として大量生産して、その副産物として繭玉を作るような形にすれば、生糸産業の復興のきっかけにもなるかもしれない。

そういう点でも、カイコは新しい時代の昆虫食にはうってつけだ。見た目もさほどグロテスクではないので、心理的なハードルも低いかもしれない。養殖のノウハウもあるし、調理をして食べてきた実績もある。

最初のうちは人間がそれほど食べないにしても備蓄したり鶏や豚の餌に回したりすることも可能だ。そして、海外から輸入が途絶えて食料不足になったら、家畜の餌に回していた分を非常食にして食いつなげばいい。

これまで述べてきた「減反」で消滅した水田を復活させて、米をたくさん生産することに加えて、養蚕業を復興させてカイコのサナギ（幼虫も食べられる）を食用にしていくだけでも、日本の食料危機はかなり改善されるはずだ。世代交代のスパンが短い多化性のカイコを飼えば生産効率も上がる。

昆虫食ではなぜコオロギが勧められるのか

とはいえ、カイコだけではなんとも心細い。牛や豚などがほとんど自給できない中で、鶏と魚とカイコだけでは日本人全員にタンパク源は供給できないだろう。

そこであと何種類か、国をあげて推進すべき「養殖昆虫」が必要になる。その最有力候補と言われているのが、コオロギだ。

昆虫食という話になると必ず真っ先に出てくるように、コオロギは世界の昆虫食の中で最も有望とされる食材だ。

理由はいくつかあるが、まず何よりも養殖しやすい。

コオロギは野菜のクズやキャットフードなど、雑食性でなんでも食べる。餌に気を使わなくていい。しかも温度と水分管理さえ適切に行えば、室内でコンテナの中に入れておくだけでどんどん増える。

繁殖ペースが非常に速い。親になってすぐ卵を産んで、幼生から成虫になる期間が本当に短い。約35日で成虫になる。世代交代のスパンが短いので、条件さえ合えばいくらでも増やすことができる。

そこに加えて、栄養価も高い。これはイナゴとかバッタにも言えることだけれど、単位生体重あたりのタンパク質含有量が牛肉の2倍に相当して、必須アミノ酸やビタミンB_{12}、オメガ3脂肪酸も牛乳より豊富にあって、カルシウムやマグネシウム、鉄・銅、マンガンや亜鉛などミネラルも多く含んでいる。しかも、殻はエビやカニと同じ成分のキチンで繊維質も含んでいる。さらに、コオロギが脱皮した抜け殻は医療品にも活用できる。

養殖しやすくて、栄養価も高い。世界中でコオロギを「未来の人類の主食」にしようとしているのは、食材として非常に優秀だからだ。

問題なのは味だ。私が食べた限り、まずくはないが、あまり美味とはいいがたい。だから、コオロギはそのまま食べるというよりもパウダー状にして食す方がいいかもしれない。

歴史家のヘロドトスは、エジプトとフェザン（現在のリビア南西内陸部の地域）の間の住民がイナゴを天日干しにして粉にしてミルクの上に振りかける、という食べ方を紹介して、滋養分のある飲み物として評価したが、これからの人類はコオロギパウダーをいろんなものにふりかけて栄養を摂っていくことになるのかもしれないね。

日本でのコオロギ養殖の現状

実際、日本でもコオロギパウダーは実用化されて、着々と広まってきている。その動きを牽引しているのが、先に紹介した徳島大学発のベンチャー企業「グリラス」だ。

グリラスはフタホシコオロギ（*Gryllus bimaculatus*）の属名だ。つまり、この会社はフタホシコオロギを養殖して、パウダー状に加工するなどして食品原料にして供給する事業を展開しており、現在は年間5万tほどのコオロギパウダーを出荷している。

煮干しや干しエビのような風味とうま味が特徴で、いろんな料理に活用できる。もちろん、コオロギパウダーだけじゃなかなか実際に食べてもらえないということで、そのパウダーを使ったプロテインバーやスナック菓子、レトルトカレーなども製造・販売している。

コオロギパウダーを使い無印良品（良品計画）と共同開発したコオロギせんべいやコオロギチョコはこれは物珍しさからか、結構売れているようだ。

陸えびＪＡＰＡＮでは、コオロギパウダーを使ったクッキーの他、コオロギから作った酵母を使ったワイン、コオロギ酵母とコオロギエキスを使ったビールも商品化している。

世界でコオロギ食はどう見られているかというと、国によっては日本よりも市民権を得始めている。

例えば、ＥＵでは欧州委員会が２０２３年1月までに、冷凍・乾燥・粉末状のイエロー・ミルワーム、レッサー・ミルワーム、トノサマバッタ、コオロギという4つの食材の販売を承認している。また、同様の動きはシンガポールでも見られて、23年中に食用や動物飼料としての昆虫の輸入・販売が解禁となるらしい。

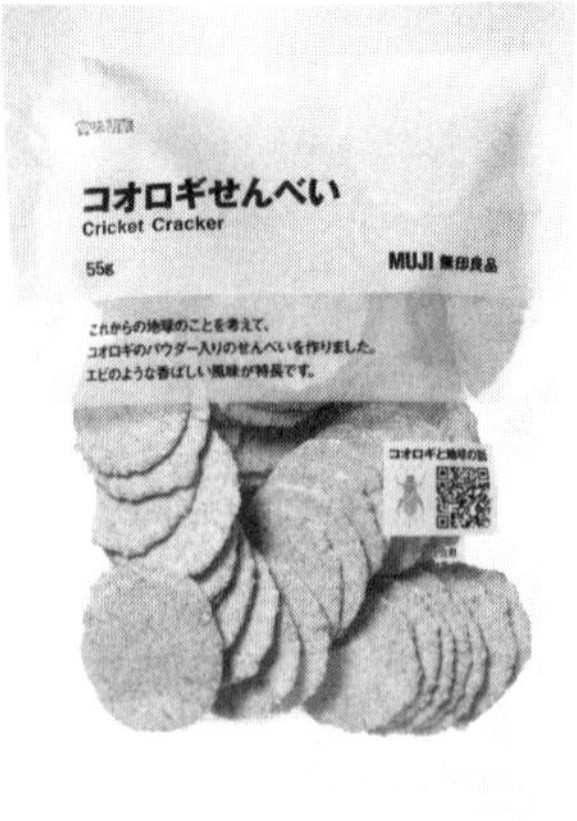

コオロギせんべい（無印良品）

そんな風に世界の潮流になりつつあるコオロギ食だけれどまだまだ課題はある。

グリラスの話では、まだ大量養殖に最適化された飼育方法は確立できていないのだそうだ。飼育をするのに人手がかかるし、室温を27～30℃前後に維持する必要があるため光熱費がかかり、生産コストを下げるのが難しい

陸えびＪＡＰＡＮのコオロギ酵母、エキス、パウダーを使った商品

とのことだ。

国民食にするためには安く生産できることが重要だ。そういう意味では、食用コオロギはまだまだ発展途上の食材だね。

マダガスカルゴキブリはアーモンドの香りで養殖に最適

日本としては、コオロギと並ぶもうひとつの柱となる昆虫を考えておきたいところだ。コオロギ同様に養殖しやすくて繁殖ペースも速い、そしてコオロギのように栄養価も高いものをね。

実は私が最適じゃないかって思う候補がひとつある。それは、マダガスカルゴキブリだ。「ゴキブリを食べるなんて病気になったらどうする！」って怒る人もいるだろうけれど、冷蔵庫とかの下にいるゴキブリとはまったく違う種類だ。何よりもゴキブリが汚いと思われているのは汚い環境に生息しているからで、衛生的なところで養殖をすれば別に汚くもなんともない。

実際、18世紀のイギリスではゴキブリを酢で煮た後に天日干しにして、内臓を除いてバター、ゴマ、塩で煮込み、ペースト状にしてパンに塗って食べていた。タイや中国でもゴキブリは食用の虫だった。日本では勝手に不衛生なイメージがついているけれど、前の章で述べた、ウィーン出身のトリンドル玲奈さんがゴキブリをまったく怖がらなかったように、ゴキブリが不潔というのは偏見だ。

なぜマダガスカルゴキブリがいいのかというと、まず栄養がある。内山さんの本の栄養表で見ても、マダガスカルゴキブリはコオロギと遜色のない栄養バランスだ。むしろ、タンパク質も脂肪もコオロギよりも豊富に入っている。そして、何よりも養殖しやすい。

臭腺を抜いて調理をすれば、クセのない淡泊な味になると言われている。私はまだ食べたことはないが、食べた人によれば、エビのようで、味も一番ノーマルだという好意的な意見が多く、アーモンドの香りがするという。

食料、飼料、そして医療に……ウジの無限の可能性に目を向けるべき

養殖のしやすさでいうとダントツなのがウジ。そう、ハエの幼虫である。

これまた気持ち悪くなる人も多いだろうが、我々がウジを汚いと思うのは、便所や腐った肉なんかに群がっているイメージがあるからであって、これも衛生的なところで養殖すれば清潔なウジができるわけだ。

ウジの食料としての最大の魅力はやはりその生産効率だ。清潔な環境で餌さえやって卵を産ませていけば、8時間後には卵が孵化するのであっという間に増える。良い調理法が見つかればこれほどありがたい食材はない。しかも栄養価も高い。

例えば、ウジに似たシロアリの幼虫はタンパク質25・6%、脂肪64・1%という感じで脂肪が多いのでとろけるような感じでうまいかもしれない。チンパンジーなんかはシロアリの巣に枝を突っ込んで、枝に噛み付いたシロアリを一心不乱に食べている。病みつきになるくらいうまいってことだろう。

実際、人間の中でもウジを食べている人がちょこちょこいる。有名なのは、イタリアの伝統食品の高級チーズ・カース・マルツゥだ。これはサルディーニャ語で「腐ったチーズ」という意味で、中にはウジが入っている。チーズを食べる際にウジを取り除く人もいるが、一緒に食べる人もいるそうだ。

東京でもマゴット（イエバエの幼虫のウジ）入りのピザを出す店があるらしいけれど、

食べた人が「ウジは小さいし味にクセがないからシラスピザとあまり違わない」と言っていた。

いずれにせよ、ウジは食料だけにとどまらず多くの可能性があって世界でも注目されている。例えば、「ムスカ」という企業がある。

酪農家が排出する牛や豚、鶏などの畜糞を、独自に品種改良したイエバエのウジに分解させ、堆肥にする。ウジは乾燥、粉末にして栄養価の高い飼料にしている。ちなみに、このムスカのイエバエは、旧ソビエト連邦が宇宙ステーションでの食料の自給自足を目指して、短期間で繁殖し成長するように品種改良を重ねていたものだという。

他にも化膿した傷にわざとウジを付着させて膿を食べさせて治癒を早める「マゴットセラピー」が注目されているなど、ウジが秘めたポテンシャルは大きい。

我々現代人が気持ち悪がって目を背けているものにこそ、我々の未来を救うヒントがあるかもしれないってことだね。

長寿県は昆虫を食べる県なのはホント

ここまでの話をまとめると、これから起きる世界的なタンパク源不足を回避するために日本が力を入れるべき昆虫食はコオロギとカイコの養殖が最有力であり、場合によってはゴキブリやウジの養殖も検討しなくてはいけない——ということかな。

そんな話を聞くと、未来の食生活に絶望してしまう人も多いかもしれない。ただ、モノは考えようであって、人間が日常生活で食べることができるレパートリーが増えたと考えれば、とてもステキなことだと思う。

多くの飼料を費やす牛、豚などはこれからの時代、どうしても奪い合いになってしまうので、ほんの一握りの限られた人しか食べられなくなるかもしれない。そういう時に、昆虫食がしっかりと市民権を得ていたら少なくとも飢え死にするようなことはない。

しかも、現代は昔のように虫をそのままの姿で焼いたり揚げたりして食べるわけじゃなくて、パウダーなどにしていろいろなものに変えて食べることができる。大豆ミートのように「代替肉」のひとつだと思えばよろしいいんじゃないかしら。

しかも、栄養的にも優れている。肉ばかりを食べているよりも余程健康的だ。実際、昆虫食が今も残っている長野県は長寿県だ。

もちろん、虫を食べたら病気をしないとか長生きできるなんてエビデンスはどこにもないけれど、栄養バランスがすごくいいということは紛れもない事実だ。

ちょっと前に、アマゾンで飛行機が墜落して子どもだけで40日間ジャングルで生き延びて、しかも発見された時も多少衰弱していたけれど命に別条はなかったというニュースがあったけれど、実はその子どもたちはアマゾンの先住民の子どもたちで、祖父母に教えられたサバイバル術で命をつないだとのことだ。

子どもだけでは動物の狩りをするのは難しいけれど、水があれば果物や虫などを採って食べて生き延びることはできる。

巨大地震も控えているし、毎年のように台風の自然災害が多くて、外部から遮断されるケースもこれから増えていきそうな日本では、サバイバル食としての「昆虫食」はすごく役に立つはずだ。

甲殻類アレルギーの人とタンパク質の摂りすぎには要注意

昆虫食を広めるにあたっては注意すべき点がいくつかある。自分で採った昆虫を食べる時は食べられる虫かどうかを見分けることが重要だ。養殖したものを常食する時にもアレルギーには注意した方がいい。

実は多くの虫が「エビみたいな味」がすることからもわかるように、虫は系統的にはエビやカニ（甲殻類）に近縁である。そのため、エビやカニのアレルギーがある人がコオロギ（パウダーでも同じ）を食べたりすると、同じようなアレルギー症状が出てしまう恐れがある。

さっきアメリカ東部で「17年ゼミ」が大量発生した時に、地元のレストランでセミをトッピングしたタコスを提供したり、メディアがセミフライなどのレシピを紹介したという話をしたけれど、実はその時にＦＤＡ（米食品医薬品局）がセミを安易に食べないよう、異例の警告を出していた。

甲殻類アレルギーに対する注意喚起をしたのだ。甲殻類アレルギーのある人にとっては昆虫食が普及することは歓迎できないだろう。

あと、もうひとつ考えられるのはタンパク質の摂りすぎだ。

これまで説明してきたように、虫は栄養価が高い。特に多いのはタンパク質だ。例えば、タンパク質含有量は鶏胸肉で23%、牛ステーキ肉で18%、それに比べコオロギは21%、イナゴは25%で、牛肉を超えるタンパク質含有量だ。だからといって昆虫ばかり食べてしまうと、それはそれで体によくない。

タンパク質は筋肉や臓器などの体を構成し、体の働きを保つために必要な栄養素なんだけれど、摂取カロリーの35%以上をタンパク質から摂ると、高アミノ酸血症、高アンモニア血症などになり、タンパク質摂取量を制限しないと最悪の場合、死に至る。

昔、マッスル北村さんというすごいボディビルダーがいたけれど死んでしまった。死因にはいろんな説があるけど、ひとつには筋肉を作るためにタンパク質ばかり摂っていたことが原因だとも言われている。

なんでもそうだが、摂りすぎると毒になるってことだね。まあ、コオロギだけ食べようという人はいないだろうから、あまり心配する必要はないか。

テントウムシ、カブトムシの幼虫は食べられない

そこに加えて、自分で採って食べる時には毒があったりすごく臭かったりして食べられない虫もかなりいるので注意が必要だ。

身近なところでは、テントウムシだ。カミキリムシと同じ甲虫だからなんとなく食べられるようなイメージがあるかもしれないが、実は毒を持っているので食べられない。1、2匹食べたところで死ぬわけではないが、体にはよくない。

また、食べようと思えば食べられるけれど、まずいのはカブトムシの幼虫だ。飼育した人はわかると思うが、カブトムシの幼虫は腐葉土の中にいる。腐ったものばかりを食べて、腹の中に溜め込んで成長をしているので、身もすべてが腐ったような臭いがしてものすごくまずい。身に染み付いている臭いなので、泥水の中で生息している虫のように綺麗な水につけておいて泥を吐かせれば解決というものでもないから、こういう虫は

どうやっても食用には難しい。

ちなみに、カブトムシの成虫はそれなりにうまくて食べられるらしい。成虫になると、もう腐葉土も食べていないし、樹液とかを舐めているだけだから、身も臭くないんだろうね。外皮をむいて、胸部の筋肉を食べるとクリーミーで甘くて美味しいという。

昆虫食の愛好家の中でも「マグロのトロのよう」なんて絶賛されるカミキリムシの幼虫が、生木を食べているように、食べているもので虫の味がかなり左右されることはありそうだ。

ただ、その一方で食べたものが必ずしも虫の味に関係しない場合もある。それは東南アジア、特にタイやラオスなどでは人気の食材の「糞虫」だ。

ナンバンダイコクコガネという甲虫の一種は、哺乳類の糞を丸くして糞玉を作って卵を産み、幼虫はその中にいる。その糞玉ごとラオスの市場では売られているようだ。もちろん、虫を食べる時は糞ごとを食べるわけじゃなくて、それを割って中の幼虫を食べる。

動物の糞を食べているからさぞかし臭いのかと思うかもしれないけれど、そんなことはない。糞を食べて成長し、最後に自分自身の糞を排出した直後のサナギになる前の幼虫が絶品だという。臭いどころかクリーミーでとても美味だそうだ。

野中さんの本の中には、この糞虫をおやつがわりにしている子どもが登場している。糞玉を割って糞虫の成長具合を確認して、成長していない場合は「これはまだだな」なんて言って、元に戻して食べ頃になるのを待つらしい。

なぜカメムシはパクチーの味がするのか

虫の味は不思議で、ゴキブリがアーモンドの香りがするみたいに、この虫はなんでこんな味がするんだろうというものも多い。その代表がカメムシだ。

昔、昆虫採集をするためにラオスのナンボタカイという山の中の村へ行ったことがある。日本人なんか見たことがないような山奥だから、村の子どもたちが面白がって私の昆虫採集についてきた。みんな自然児だから虫採りは慣れたもんで、すぐに山盛りのカメムシを採ってきてくれた。

でも、それを見るとどれも脚がもいである。私は標本にするために昆虫採集をしているから、脚のないカメムシはいらない。それを身振り手振りで伝えるんだけれど、子どもたちは次から次へと脚を取ったカメムシを持ってくる。不思議に思って、「これはどうするんだ？」と聞くと、子どもたちはニッコリ笑ってそれを口に入れてバリバリ食べた。

つまり、ここではカメムシは子どもたちのおやつだったのだ。脚や触覚を取らないと口の中が引っかかれてしまうからね。子どもたちからすれば虫は食料だから当然、私も何かの虫を食べにきたと思ったんだろうね。

驚いたけれど、せっかく子どもたちが教えてくれたので試しに1匹食べてみたら、すごく刺激的というか強烈な味がして、たとえるのならパクチーだ。

私はパクチーも好きだからまあまあいけると思ったけれど、日本人はパクチーが苦手な人も多いから、生食はちょっと難しいかもしれないね。でも、炒めたらタイ料理なんかを食べ慣れている人は意外といける気もする。

なぜカメムシがパクチー味なのかというのは、ちゃんと理由があって、アルデヒドという成分のせいだ。同様な成分はパクチーにも含まれている。つまり、パクチーとカメムシは同じ臭成分を持っているということだ。ちなみにパクチーやカメムシの臭いを悪臭と感じるのは臭覚受容体の遺伝的変異に起因し、世界人口の15％はこの変異を有するという。

このように味や香りをもっとしっかり科学的に解析していけば遺伝子組み換えなどによって、いずれアーモンドやナッツ味の虫や、甘かったり辛かったりという虫を開発することもできるかもしれない。

「生き物を殺して食べる」ことの実感のなさが昆虫食バッシングの原因

「虫」にはまだ他の可能性がある。その代表が、がん治療だ。

昆虫はサナギの中で幼虫から成虫の体へ急激に構造が変わるんだけれど、体内ではアポトーシスといって幼虫の細胞がどんどん死んでいく。いわば「細胞の自殺」が起きている。その仕組みをがん細胞に適用したら、がん細胞を自殺に導くことができるんじゃないかってことで研究が進んでいる。モンシロチョウから抽出されたピエリシンという物質が、アポトーシスを誘発してがん細胞を死滅させることがわかり、将来的にはこれをがん患者の体内で働かせることにより、がんを治療することができるようになるかもしれない。

また、先に紹介した、旧ソ連がウジを宇宙食にできないかと開発していたという話があったけれど、「宇宙食」の開発で、昆虫食は最有力とされている。昆虫は牛や豚や鶏と違って、宇宙船や宇宙ステーションのような狭い飼育スペースでも繁殖させることができる。また、種類によっては過酷な環境でも育ち、しかも栄養価が高いので、まさしく理想的な宇宙食だ。

そんな広範な可能性を秘めた昆虫食だけれど、日本人にはすこぶる評判が悪い。まずはビジュアルの問題だろうが、「気持ち悪い」「そんなものを食べるなら飢え死にした方がマシ」とか言う保守的な人も多くて、中には昆虫食を普及させるのは、人口削減のための陰謀だとか言っている人までいて、昆虫食アレルギーがかなりひどい。

なんでこんな風になってしまったのかというと、ひとつには高度に調理された食品が当たり前のように手に入る環境が長く続いてしまったことで、ほとんどの日本人が「生き物を殺して食べる」ということと縁遠くなってしまったことが大きいと思う。前にも話したように、牛や豚や鶏を屠殺して解体してその肉を食べるという行為だって実際に見たらかなり気持ち悪いだろうけれど、ほとんどの日本人はそんな光景を見たこともないし、脳裏に思い浮かべたこともないだろう。

昆虫食は動物愛護にも適う倫理的な食文化

じゃあ、気持ち悪いと言われている虫はどうかというと、かつての日本の子どもたちや、今も東南アジアやアフリカの子どもたちがおやつ代わりに自分たちで採ってきて食べているように、それほど残酷さはない。脚や触覚をもいで、焼いたり炒めたりするのは残酷じゃないかと思うかもしれないけれど、昆虫は脊椎動物と脳のつくりが違うので、「痛み」を感じないと思う。野犬を捕獲して殺すのはかわいそうと言っているご婦人だって、ゴキブリや蚊は平気で殺す。

だからほとんどの日本人にとって、牛や豚を屠殺したり、鶏を絞め殺したりするよりも、虫を採ってきてフライパンで炒めて醬油と砂糖で味をつけて食べる方が、罪悪感は少ないはずだ。

中には「牛や豚はきついけれど、魚は自分で釣ってさばくこともできるから罪悪感はない」という人もいるだろう。確かにそれはそうで、日本では魚と虫がメインのタンパク源だったので、魚を殺すのに心が痛まない習慣ができたのだろう。

日本は古来、仏教の教えもあって、無闇に生き物の命を奪うことを避けてきたという文化がある。だから、牛や鹿や野豚を大量に捕獲して食べるということをせず、殺しても心が痛まない虫と魚を食べてきたのかもしれない。

ただ、みなさんは魚を殺してもあまり心が痛まないかもしれないが、実は魚側にしてみたらこれはかなりの災難だ。

魚が痛みを感じるのか、ということを科学的に研究した人がアメリカにいて、その研究によると、結論としては魚は痛みを感じているらしい。だから、我々は「活造り」なんていって、魚を生きたまま食べているけれど、あれは魚にとってかなり激痛らしい。舟盛りの上で目をきょろきょろさせて、口をパクパクしているアジなんかは、実は激痛で嗚咽しているかもしれないんだよね。

もちろん、動物愛護の観点から魚を倫理的に殺そうなんてことを言いだしたら、釣り糸の〝かえし〟が口に刺さるようなのも残酷だという話になるので、現行の釣りも漁業も成り立たなくなる可能性があるので難しい。

今はスポーツフィッシングでキャッチアンドリリースをする魚は〝かえし〟がつかない

針で釣れって言ってるよね。〝かえし〟がついてると当然口の中が傷つくから、リリースしてもそこから細菌が入って死ぬ確率はすごく高くなる。〝かえし〟がなければ抜いたら穴が空くだけだから、その方が生き残る可能性は高い。

しかしまあ、魚を倫理的に殺して食べようなんて考える人はまだごく少数派だけどね。いずれにせよ、我々人間はどうしても食べていくために、他の生物に対してかなり残酷で、かなり気持ち悪いことをしていることは確かだ。その現実を前にすれば、虫を食べることなんてかわいいものだし、今のところ、倫理的に問題視する人もほとんどいない。

昆虫食だけでは1億2000万人のタンパク源確保は無理

そもそも、今の日本は「昆虫は気持ち悪い」とか呑気なことを言っていられるような状況じゃない。

世界的な「タンパク源危機」が起きて、牛や豚や鶏の生産国が、自国民のタンパク源確保のために日本に売ってくれなくなって、海外から穀物飼料が入ってこなくなったら、日本国内の畜産だけで日本人全員に充分な「肉」を供給するのは不可能だ。

漁業資源に関しても世界で奪い合いが始まっているし、多くの水産資源を輸入に頼っている日本では、いきなり全国民が食べられる魚を安定供給することは不可能だ。米の生産を減反前までの水準に戻せば、イモなどと組み合わせてどうにか飢えることはないだろうが、圧倒的なタンパク源不足に陥る。太平洋戦争の時とまったく同じだ。

状況が同じということは、太平洋戦争の時とまったく同じ「非常食」が食卓や学校の給食に上がるのは自明の理ということだ。それが「昆虫食」なのである。

太平洋戦争の時の非常食はイナゴやカイコのサナギだったが、今は激減している。そうなると、やはりこれらに代わる「新しい時代の昆虫食」を用意しておく必要がある。その候補となり得るのが、養殖コオロギやゴキブリやウジだ。これは好き嫌いという話ではなく、「タンパク源危機」という有事に備えておくための戦略のひとつだ。

もちろん、これらの昆虫食で1億2000万人のタンパク源が確保できるわけはないので、他の選択肢も射程に入れておくことが必要だ。

そこで鍵となるのが、新しい科学技術を用いたタンパク源の生産である。次章では「魚の養殖」と「培養肉」の可能性について考えていく。

第4章

養殖魚・培養肉のススメ

日本で食べられている魚介類の半分は外国産

昆虫食と並んで、日本人のタンパク源の有力候補となるのが魚だ。日本は海に囲まれているから虫なんか食べずに、魚だけを食べていればいいと思うかもしれないけれど、これまで説明してきたように、魚だけでは日本人全員に必要なタンパク源を供給するのは難しい。

というよりも今でさえも、日本の漁業は自給できていない体たらくだ。今、日本全体で魚やエビ、カニ、貝などの海産物はだいたい６００万ｔほど消費されているけれど、実はその内訳は輸入品が約３００万ｔで、国産のものは約３００万ｔ。つまり、半分は海外に頼っている。

もし世界的なタンパク源不足がやってきて、日本に海産物を輸出している国が、自国民の食料確保のために輸出をストップしたら、日本人の半分は魚が食べられないってことだね。いや、半分どころじゃ済まないかもしれない。国産が約３００万ｔってことになっているがこれもかなり怪しいからだ。

例えば、ちょっと前に中国産のアサリを国産だと偽って販売をしていたことが問題になったように、中国などから輸入したアサリでも、それを日本国内の養殖場や漁場にまく「蓄《ちく》養《よう》」というプロセスを踏んで一定期間そこで育てれば「国産アサリ」と表示して売っていいというルールがある。

また、ウナギも同じで、中国などから稚魚を輸入して、国内の養殖場で育てればこちらも立派な「国産ウナギ」として販売できる。

つまり、我々が国産モノだとありがたがって食べている魚介類も稚魚などの輸入が打ち切られた途端、食べられなくなってしまうってことだ。

輸入水産物はホントのところ、どんな薬や餌が使われているかわからない

しかも、このような魚や貝の輸入品依存は、日本人の健康にとっても良くない。

前の章でも少し触れたが、肉と同じく病気を防ぐために抗生物質が大量に使われているからだ。

魚の養殖というのは、どうしても漁獲量を上げるために狭い養魚場の中で大量の魚を飼育する。そういう自然環境と異なる超過密状態で養殖するので、もし1匹の魚が病気になると、たちまち養魚場内に蔓延してすべての魚が感染してしまう。

そこで、このような事態をどう防いでいるのかというと、「薬」だ。

実は養殖魚の多くは抗生物質を混ぜた餌で育てている。これはいろいろな病気を予防するために必要な処置だ。養殖魚が「抗生物質の海で泳いでいる」なんて言われるのは、これが理由だ。

そんな薬漬け養殖魚の代表が、外国産サーモンだ。ノルウェー産のものは抗生物質が少ないそうだが、先にも述べたようにチリ産のものはかなり高濃度だと言われており、専門家の中には、チリ産サーモンは食べないほうがいいと警鐘を鳴らしている人もいる。

もちろん、魚の病気を防ぐための薬なので基本的に人間が食べても問題はないはずだ。ただ、抗生物質入りの牛肉のくだりで説明をしたように、たくさん食べ続ければ人体にどんな影響が出るのかわからない。化学物質である以上、人体にも何かしらの反応があってもおかしくはないのだ。

昔はサーモンといえば、北海道で獲れた鮭を使った「新巻鮭」が定番で、よく暮れになると、アメ横辺りに買いに行ったものだけど、今はそういう国内の鮭もどんどん減ってきている。その代わりに、輸入品の割合が増えている。これは日本人が食べているあらゆる魚に言えることだ。

これはかなり危険だ。肉や野菜のところでも言及をしたが、食べ物の生産国は基本的に売れればいいわけだから、自国民が食べるものよりも、輸出品は農薬などの安全基準を緩くしているケースもあるはずだ。つまり、今日本人の半分が食べている輸入の魚や貝だって、本当のところどんな薬や餌で養殖をされたのかわからない。

そういういろいろと不安の多い水産物を食べるより、自国内で適切に管理して生産した水産物の方がはるかに安全なのだ。

日本近海の水産資源は枯渇のピンチ？

ナイーブに考えれば、国が国策として捕獲漁業をもっと全面的に応援して、日本人全員が国産の水産品を食べられるようにたくさん水揚げをすればいいと思うかもしれないけれど、それも難しい。

日本近海の水産資源は、オーバーキャッチング（獲りすぎ）によって枯渇の危機にあるからだ。

昔は日本の近海では、イワシとかアジとかサバがたくさん獲れた。八戸などではサバをトラックに山ほど積んで運ぶので、よく道に落ちていてそれを近所の人が拾って食べたなんて逸話があったほどだ。しかし、最近の日本の漁獲量は年々減少している。これだけレーダーなどのハイテクが進歩して、漁業も効率的になっているのだから、もし水産資源がまだ豊富にあるのなら漁獲量も右肩上がりで増えてもよさそうなはずだ。

実は水産資源は我々が思っているほど豊富にあるわけじゃなくて、むしろ「限界」に近い。これは日本近海だけの問題じゃない。世界の水産資源も枯渇に近づいているんじゃないかと私は考えている。

漁獲量だけを見れば、世界の漁獲量というのは飛躍的に増えている。１９８７年には約1億ｔだったものが、２０２０年には2億１４００万ｔにまで膨れ上がっている。ただ、この飛躍的に増えた分は実はすべて養殖で、外洋で獲れている自然の水産資源は33年間ほとんど「横ばい」ということである。

例えば、2020年の漁獲量2億1400万tの中で「養殖」が占める割合はなんと1億2300万t。残りの9100万tが実際に船で漁などをして獲ったものである。

世界でもこのような「限界」が見えてきているところに加えて、中国など新興国でもマグロの刺身が人気になってきて、本格的に水産資源の争奪戦が始まってきている。国がちょっとやそっと捕獲漁業を応援したところで、今の漁獲量をキープするのがやっとだろう。

外国産養殖魚に頼らず「陸上養殖」を普及させるべき

では、どうすればいいのかというと「養殖」だ。世界の漁獲量が養殖技術の発展によって飛躍的に増加したように、日本も養殖技術を用いて、国産の魚を増やしていくしかない。

これまで述べてきたように、今は海に養魚場をつくってその中でマグロやブリを養殖したり、川や池を活用してアユやニジマスなどの川魚を養殖したりしているんだけれど、さらにそれに加えて、これから技術を発達させて「陸上養殖」を盛んにしていくべきだ。

これは読んで字の如しで、海や川のない陸上に大型の水槽をつくってその中で養殖をするわけだ。これには海上養殖や河川の養殖と比べて大きなメリットがある。

まずは自然に左右されないことだ。

海や川に養魚場を作ると、どうしても自然環境に左右される。津波があれば海の養魚場は全滅するし、海洋や河川が汚染されれば影響をモロに受けるし、どうしてもウイルスや病気のリスクに晒される。しかし、閉鎖された環境の中の水槽であれば、自然環境の影響をあまり受けないし、魚が病気になるリスクも低減できる。

次に、輸送コストを削減できる。

水産資源、特に海産資源はどうしても海から運ぶので、都市部や山間部は輸送する時間とコストがかかってしまう。しかし、陸上養殖が普及すれば、山間部での海産魚介資源の地産地消も夢ではなくなる。

もちろん、デメリットもある。

陸上に施設をつくるということで土地の確保はもちろん、設備投資も必要だし、掛け流しにするにしても循環濾過式にするにしても大量の水が必要になるので、それらのランニングコストがかなり高くなってしまうのだ。

ただ、日本は国土面積あたりの水族館数が世界一多い国でもあるので、そういう施設をつくる知見はたくさんあるわけだし、これから人口減少で、それらの水族館が閉館していけば、陸上養殖の拠点として再利用をしてもいいわけだ。

前の章で「野菜工場」の可能性について触れたが、この陸上養殖も同じでコスト面ではまだ課題が多いが、「安全安心な魚」を安定供給するということでは魅力的だ。

日本の食料自給率を上げていくうえで、陸上養殖は間違いなく重要な役割を果たしていくだろう。

なぜ日本では画期的な技術をみんなで潰しにかかるのか

ただ、陸上養殖のような新しい取り組みは、日本ではなかなか進めていくことが難しい。

ＩＴ技術や半導体、電気自動車などで中国や台湾や韓国にあっさりと追い抜かれていることからもわかるように、今の日本では新しい技術とか、社会を大きく変える画期的な発明がなかなか出てこない。出てきたとしても、国が潰すようなことが多いからだ。

なぜそんな国民の幸せにならない愚かなことをやるのかというと、「既得権益」を守らないといけないからだ。

例えば、新しい技術が出た時に、それによって仕事を奪われる人がたくさん出るのは問題だから「その技術を広めるのはやめよう」ということになる。

陸上養殖でわかりやすいのは、「トラフグ」だ。

フグといえば、毒が有名だ。これは青酸カリの1000倍以上の毒性を持つテトロドトキシンで、致死量は0・5〜2㎎で、フグ中毒の致死率は過去10年間で2％と言われている。時々、釣った人が自宅で調理して中毒症状を起こして亡くなることがある。

じゃあ技術の進歩で、こういう悲劇や危険性は回避できないのかというと、それができるんだよね。

国民の得になる「無毒フグ」を厚労省が認めないワケ

佐賀県の業者が無毒のトラフグを陸上養殖場で作ることに成功した。フグ毒はフグが作るわけではなく餌の中の毒を蓄積するだけだから、餌を工夫すれば、毒のできないフグを作ることができる。素人が調理をしたところで、全部まるごと食える。実際、私も食べたけれど、普通にうまいフグだったよ。

でも、このトラフグを市場に出すことに厚労省が頑強に反対した。佐賀県の知事が何回も何回も厚労省に許可してくれって申請したんだけど、安全性がどうのこうのって言って認められなくて、結局諦めちゃったよね。

なんで、こんなことが起きるのか。

厚労省が認めれば、無毒フグは一気に広まって、うちも養殖をしようという業者が増えていく。安全にフグが食べられるし、価格も安くなるだろう。いいことずくめなのにそれを妨害する。


ひとつの理由として考えられるのは、フグの調理師の業界団体から政治的な圧力がかかっているのではないかということだ。フグを調理するには免許がいる。しっかり講習を受けて試験があって、それを通過した人たちがいないと、フグ料理は出せないってことになっている。もし無毒フグが広まってしまったら、こういう免許の取得や免許を持っている人たちは必要なくなってしまう。普通の魚と同じになるということは、誰でも調理ができてしまうってことだよ。

そうなると、フグの調理を専門として仕事としている人たちは商売あがったりだ。この人たちからすれば「無毒フグ」なんてものは存在しない方がいいということになる。それで政治的な圧力をかけて無毒フグの許可を潰したんだと思う。

こういう話は世の中には山ほどある。画期的な技術や商品がなかなか世に出ないのは、それが出ると困る人たちが潰していることも多いんだろうね。

「マグロを絶滅から救うため」に陸上養殖を推進しよう

日本が国をあげて陸上養殖を推進していくうえで、必要なのは社会全体が「養殖の方がいい」という共通認識を持つような正当性だ。

日本は四方を海で囲まれているので、どうしても水産資源が豊富にあるという思い込みがある。実際は先ほども言ったように、日本近海の水産資源が枯渇してきているのだが、「いざとなれば海の魚を獲って食べればいい」という安心感があるので、そこまで陸上養殖を進めていく真剣味がない。

そこで利用できるのが、「水産資源を絶滅から救う」という大義名分だ。

先ほども言ったように、世界の漁獲量の中で、外洋で獲れる魚の数はずっと頭打ちが続いている。漁法の技術が飛躍的に進歩している中で、漁獲量が増えないということは普通に考えたら、水産資源がどんどん減ってきていることを意味する。

養殖に力を入れていくのは、タンパク源の安定的な確保という意味でも、生態系を守るという意味でも悪くない選択だ。

日本は今もマスコミがＳＤＧｓなどのお題目を大きく掲げるように、地球環境を守れというスローガンは素直に受け入れる風潮がある。表向きは、生態系を守るということを大義名分にして、日本人のタンパク源を守る陸上養殖を社会に浸透させていく、というのは戦略としては悪くない。

最近、岡山大学がクロマグロの完全陸上養殖に挑んでいるという。首尾よくいくことを期待しよう。

「魚を獲るのをやめる＝絶滅から救う」は大ウソ

ただこれもちょっと難しい話なんだけど、「魚を獲るのをやめる＝絶滅から救う」って単純な話でもないんだな。

例えば南氷洋でシロナガスクジラがなかなか増えないということが問題になっている。これはもともと西洋人がクジラを乱獲したことが原因だ。第1章でも触れたけれど、ヨーロッパ人は石油に依存する前、クジラの脂を灯油として使っていた。日本人は脂だけじゃなくて身を食べて骨や歯まで使っていたけれど、彼らは脂だけ抜いて残りはその辺に廃棄するという、もったいないことをしていた。その結果、シロナガスクジラは大きく数を減らしてしまったんだよ。

そういう経緯もあるから今、シロナガスクジラをレッドリスト（絶滅危惧種）に指定して保護している。でも、どんなに保護をしたところで、なかなかシロナガスクジラは増えない。現在は5000〜1万5000頭と言われているけれど、ここから大きく増えることはないだろう。

なぜ増えないのかというと、ミンククジラを獲らないからだ。

クジラが絶滅危惧種だって話はよく聞くけれど、実は一口にクジラっていっても86種もいて、個体数が増加しているクジラもいる。その代表はミンククジラだ。

増えたクジラを獲る漁業も生態系バランス維持に重要

なぜミンククジラが増えたのかというと、人間が脂欲しさにシロナガスクジラを乱獲して生態系を攪乱《こうらん》してしまったからだ。

わかりやすく説明しよう。人間が乱獲をする前、シロナガスクジラとミンククジラの個体数は合計１００で、50対50だったとする。

この自然のバランスを人間が壊す。脂欲しさにシロナガスクジラを獲りまくって、50いたシロナガスクジラが10にまで激減した。

そこでシロナガスクジラを捕るのをやめれば元に戻るかというと、そんなことはない。

これまでシロナガスクジラが食べていたオキアミが余り、同じオキアミを食べるミンククジラが増えた。シロナガスクジラとミンククジラの増殖率が同じだとすると、17対83くらいで安定することになる。

シロナガスクジラもミンククジラも同じクジラだから繁殖力はそんなに変わらない。ということは、この17対83という比率が固定されてしまうってことだ。

シロナガスクジラの繁殖力が急に上がって、海洋での適応力が高くならない限りミンククジラの勢力を奪うなんてことはできないので、この17が急に30になったり40になったりはしない。これこそが、人間がシロナガスクジラをいくら一生懸命に保護したところで、個体数が増えない最大の理由だ。

じゃあ、シロナガスクジラを増やすにはどうするのかというと、ミンククジラを獲ればいい。そうすれば、これまでミンククジラたちが食べていたオキアミが余るので、その分今度はシロナガスクジラが繁殖できるだけの余裕が生まれる。シロナガスクジラが激減して、ミンククジラが激増したことの真逆をやればいい。

そこで個体数の比率を安定させた後に両方を保護すればいいんだ。

生物というのは他の種とは無関係に生きて繁殖をしているわけじゃなくて、環境や他の種とのバランスで数が決まっている。だからちょっと冷静に考えれば、捕獲さえしなければば勝手に自分たちで増えていくなんてありえないのはわかる。

一度、人間が介入をして生態系を変えたわけだからそれを回復させるためには、もう一度しっかりと人間が介入をして、増えた種を減らすなりしてバランスを戻さなくてはいけない。

これから陸上養殖が水産資源確保の主流になるのは間違いないだろうが、生態系を守るために「増えたクジラを獲る漁業」というのも重要になってくるだろう。

「22世紀ふぐ」は安全？　ゲノム編集技術で開発

さて、そんな陸上養殖とともに、私がもうひとつ日本のタンパク源不足に対して大いに役に立つと期待しているのが、ゲノム編集技術だ。

ゲノムというのは、一個体の生物が持つ全遺伝情報のことで、それを人為的に編集するとその生物が従来持っているものとは異なる形質を獲得させることができる。このゲノム編集技術を使って魚を「少ない餌で大きく育つ」ように品種改良しようというわけだ。

この技術を確立したのは京都大学と近畿大学が共同で立ち上げた「リージョナルフィッ

シュ株式会社」というところだ。

例えば、ゲノム編集をして品種改良をした「22世紀鯛」と呼ばれる養殖鯛は、可食部が平均で1・2倍（最大で1・6倍）に増えた一方で、飼料は2割減ったそうで、実際にこれを鯛しゃぶにして食べた人によれば、普通の鯛よりも肉厚で、旨味もあったというからすごく期待できる。

この「22世紀鯛」や、同じ技術を用いた「22世紀ふぐ」もこの会社のホームページで購入できるし、「22世紀ふぐ」は京都府宮津市のふるさと納税の返礼品になっているくらいだから、今後はもっと普及して、近い将来この技術がいろんな養殖魚に使われるようになれば、日本の食料問題は少しは改善するに違いない。

魚はゲノム編集でコストパフォーマンスがよく、美味しいものを作れるとして、牛や豚はどうなんだろう、と思うかもしれない。

実は今、我々日本人が昆虫食にそこまで頼らなくてもよくなるかもしれない技術の開発が進んでいる。日本だけじゃなくて、これが普及すると世界の畜産業に激震が走るほどの画期的な技術だ。

それは「培養肉」である。

培養肉はどうやって作る？ 霜降り肉も可能になる!?

培養肉は簡単に言うと、「筋肉の細胞を培養することで作った肉」だ。

細胞は栄養さえあげればどんどん増えていく。例えば、動物の肝臓の一部をとって、シャーレの中で培養すると、肝臓の細胞はどんどん増えていく。1個の細胞が100万個とか200万個にも増える。同じように筋肉細胞を培養して筋肉細胞の「クローン」を作ることができる。

ところで、培養細胞で有名なのが、ヒーラ（HeLa）細胞だ。

これはもともと、ある女性のがん細胞を培養して作成したクローンで世界中の研究室でいろいろな実験に使われている。

例えば、薬剤の毒性検査によく使われる。様々な濃度の薬剤をヒーラ細胞に投与して毒性の強さを調べることができるのだ。

それはともかくとして、細胞培養は通常シャーレの中で行われるので、クローンは二次元になって立体的にするのは難しい。

そういうわけで、現時点では平らな形の培養肉しか作れないが、最近、大阪大学と島津製作所は共同で3Dプリンターを使って立体的な培養肉の製造に成功したという。筋肉細胞や脂肪細胞を3Dプリンターを使って繊維化して、これを組み合わせて本物に近い立体肉を作れるという。これから技術が進んでいけば、培養肉の霜降りステーキを大量生産することだって不可能じゃないかもしれない。

培養肉が実用化されたら困る人が邪魔をする

このような技術に加えて、培養肉が普及していくためにクリアしなくてはいけない問題がいくつかある。まずひとつ目は「コスト」だ。

培養肉が作れるようになったとしても、本物の肉よりも高かったり同じような価格だったりしたら、消費者はわざわざ培養肉を食べない。

つまり、安く大量生産できるようにならなくてはいけないってことだ。

私がはじめて培養肉というものを知った時は、ハンバーグ1枚分ぐらいの培養肉を作るのに何千万円も金がかかっていたけれど、今はせいぜい数千円くらいで作れるようになった。これが２００円くらいまで安くなれば、普及していくはずだ。

そしてもうひとつクリアしないといけないのが、「味」だ。

ひとつの筋肉細胞だけから作るとどうしても味は劣るだろう。先に述べた３Ｄプリンターを使って、脂肪繊維や血管繊維を混入させたステーキ肉を作れば味もよくなるに違いない。

それでは、この「コスト」と「味」という問題をクリアしたら一気に培養肉が普及できるのかというと越えなくちゃいけないハードルはいくつもある。

まず、安全性だ。

遺伝子組み換え作物の危険性を訴える人々がいるように、培養肉の安全性を疑問視するような動きは起こるだろう。それに対しては客観的なデータで丁寧に説明していくしかないけれど、やはり時間はかかるだろう。

培養肉が実現すれば、人類の食料問題はかなり解決するかもしれない。そういう意味では、矛盾だらけのＳＤＧｓなんかよりもはるかに人々の幸福に貢献するので、世界で協力し合えばいいわけだけれど、現実にはそうはならないだろうな。

なぜかと言うと、培養肉ができたら畜産業で食べている人が困るし、それで潤っている国も困るからだ。牛や豚などの生産国からの妨害もあるはずだ。アメリカやオーストラリアなどは、牛肉を生産して輸出するという国を支える事業が大打撃を受けるわけだから、全力で潰しにかかるだろうね。どうしてもみな自分たちの国の利益を一番に考えてしまうからね。

培養肉の最大のメリットは「動物を殺さない」こと

ただ、そういうマイナスをすべて覆すことができるだけのメリットが培養肉にはある。

まず、ひとつは「環境に優しい」ことだね。

牛や豚などの家畜を食べる習慣は世界的に拡がっている。この畜産業が地球環境に与えるマイナスの影響はかなりのものだ。

世界の温室効果ガスの総排出量に占める畜産業の割合は14％にも上る。CO_2やメタンガスは地球温暖化の主因ではないと私は思うけれど、主因だと主張する人は畜産業の廃絶を主張すべきだろう。前の章で話したように、牛や豚を育てるには広い牧場が必要であったり、あるいは高級な肉を作るためにはたくさんの穀物が必要であったりして、エコロジカルとは言い難い食料生産方法だ。10〜20kgの穀物を飼料に使って1kgの牛肉を作るより人間が直接穀物を食べた方が効率が良く、地球環境に与える影響も小さい。

とはいっても肉食が習慣化した人々に肉を食べるなと言うのは無理な話だ。そこで、この問題をクリアできるのが、培養肉だ。

そこに加えて大きいメリットが「動物を殺さない」ということだ。

今、西側諸国を中心にアニマルウェルフェア（動物福祉）という概念も広まって、犬や猫の殺処分や生体販売について厳しい批判が寄せられるようになった。高級ブランドで動物の毛皮を使わないのもその影響だ。

そんな動物福祉の流れで、牛や豚や鶏を殺すにしても、せめてなるべく痛みや恐怖を与えない「人道的な屠殺」が唱えられている。

「動物を殺して食べない」が広まると困る人が出る

日本の養鶏場でも、狭い鶏舎の中に押し込んでただ餌を与えて太らせて殺すのは動物愛護的に問題だから、平飼い（広い場所で飼育する）の方がいいなんて話もあるように、殺して食べる家畜にもあまりつらい思いをさせるのはやめるべきだという考えが広まっている。

ただ、殺していることには変わらないわけだから、もっといいのは「殺さない」ことなのは言うまでもない。

だからもしも本当に培養肉を普及させたいのなら、前にも述べたように牛や豚がどうやって殺されてスーパーに並んでいるのかを映像にしてテレビかなんかで放送したらいいよ。動物愛護家だけじゃなくて、一般の人でも「培養肉の方がいい」と思うはずだ。

でも、そうなるとここでも困る人がたくさん出る。牛や豚を生産している人たちは廃業に追い込まれてしまうし、食肉処理を仕事にしている人ももちろん職を失うだろう。

だから、革新的な技術が生まれても、それを急に普及をさせるということは難しい。

ＡＩによって仕事を奪われる人がたくさん出るだろうというのと、培養肉によって仕事を奪われる人が出るだろうというのは基本的には同じ構図だね。

コストや味の部分は技術の進歩によって解決できるけれど、肉牛生産国との利害調整、培養肉によって仕事を奪われる人々への補償などは「国家」が面倒をみなければいけない。ベーシック・インカムによって、すべての国民に一律に給付金を渡すようになれば、こういった話は全部一挙に解決する。だからいずれそうなるよ。

大豆ミートの方が培養肉より導入しやすい

このようにいろいろなハードルがある培養肉と比べて比較的導入が進みそうだと期待されているのが「代替肉」だ。その中でも有力候補とされているのが、大豆の根粒に含まれる「ヘム」という鉄を含むタンパク質を通常の大豆タンパク質に混入させて、本物の肉のような色や味を作り出す「大豆ミート」だ。

これはちょっと前から日本でも普及し始めていて、スーパーでも普通に売られるようになったし、焼肉屋でも大豆ミートのカルビを提供したと話題になっている。普及ということではやはり西側諸国の方が進んでいて、有名ハンバーガーチェーンが大豆ミートでつくったハンバーガーを売ったりしてかなり広まっている。

ただ、この「大豆ミート」の方が牛肉や豚肉より環境に優しいのかというと微妙な話だ。先進国の人々に行き届くほどの大豆ミートを生産するには当然、莫大な数の大豆が必要なので今以上に農地を広げていく必要がある。山や草原を切り開いて畑にするわけだけれど、そうなるとそこで生きていた動物や昆虫の食べ物を奪うことになる。だから結局、生物の多様性は損なわれる。

ビル・ゲイツが「合成肉」をゴリ押しするのはなぜか？

マイクロソフトの創業者のビル・ゲイツやGoogleなどが「代替肉」を作るスタートアップ企業に投資している。ビル・ゲイツが「気候変動と戦うために先進国は人工の合成肉のみを食べるべき」と提言しているのを見ると、これがビジネスチャンスになると思っていることがよくわかる。

生き馬の目を抜くアメリカのＩＴ企業の連中が、世界の食料問題を解決しようという綺麗事だけでこんなことを言うわけがない。


私はCO_2の人為的な排出が地球温暖化の主たる原因だというのはとんでもないインチキ話だってことを前から主張している。

でも、なんでこんないかがわしい話にみんな乗っかるのか、特に西側諸国では「ＳＤＧｓ」なんてスローガンまで作って推し進めるのかというと、大きな理由は「得になる」からだ。

西側諸国がCO_2を制限しろと言えば、中東やロシアなどのエネルギー産出国の動きをコントロールできる。太陽光発電やら電気自動車が普及して主導権を握れば、資源の少ない西側諸国でも優位に立てる。そういう各国の思惑がＳＤＧｓという綺麗事の裏にはうごめいている。

残念だけれど、この代替肉にも同じような構図がある。

要するに、これはＳＤＧｓや人為的地球温暖化と同じで、これまでのエネルギーや資源にとって代わる新技術を手にした人たちが、これを大きなビジネスチャンスにしていこうという、金儲けのための戦略なのだ。

億万長者のビル・ゲイツが広大な農地を買い占めているのは、そういうことだよ。豊かな先進国で代替肉を食べることが普及した時、莫大な富を生むのは肉の原料である大豆の生産だ。広大な農地をもつ人々は大儲けできるってわけだね。

微生物タンパク質は世界を救うか？

このように「代替肉」の中で最も有力候補とされている大豆などを用いた合成肉にも様々な問題が山積している。

そこで注目されているのが微生物を培養して得られる微生物タンパク質（MP：microbial protein）である。

微生物は人間と違って糖を原料としてアミノ酸（タンパク質）を合成できるので、世界各国で研究が進んでいる。微生物タンパク質は基本的には粉末で特に味があったりするものではないので、今は、筋トレをする人が飲むプロテインのように既存の食品に混ぜて摂取するような形だが、いずれこの粉末からステーキ状のものを作れるかもしれない。実際、アメリカのベンチャー企業が、微生物タンパク質から人工肉を作ることに成功したなんて話もある。

微生物タンパク質がすごいのは、原料となる微生物の増殖速度が速いので、短時間で大量に生産ができることだ。牛や豚などの肉からMPへの移行が進んでいけば、森林の伐採を減らし、牧草地の増大を抑えられると期待されている。

最近の「Nature」誌（2022年5月5日号）に載った論文によると、2020〜2050年にかけて反芻動物（牛や豚など）の肉とMPの生産割合を同じにすると、牧草地が農地に変換されることで、農地が増加すると予想された。

一方、MPの割合が現在と同じくほぼゼロだとすると、牧草地が約30％、農地も約40％増加する。つまり、環境破壊が進むので、野生動物はどんどん減っていくということだ。

それ以外にも、もし反芻動物の肉とMPの割合を同じにすると、現在に比べ農業による水利用と窒素固定を6％減少させ、亜酸化窒素（N_2O）の排出を17％減らし、メタンガス（CH_4）の排出を26％減らすと見積もられている。

しかも、森林の伐採面積が83％減少するという。そうなると土地の利用形態が大きく変化するので、CO_2の排出量も82％も減少するという。

この微生物タンパク質には世界を大きく変えるだけの、すごいポテンシャルが秘められているってことだ。

動物愛護団体が代替肉を猛烈プッシュ！

この微生物タンパク質にしろ、大豆など植物由来の代替肉にしろ、培養肉にしろ、「動物を殺さない」ということで動物愛護団体が後押しするに違いなく、美味しい代替肉が安価で手に入るようになると、家畜を殺して食べるのは残酷だという風潮が拡がるかもしれない。そうなると、国際社会の論調もガラリと変わる可能性もある。

かつて鯨油《げいゆ》を利用するため大量にクジラを殺していたアメリカ、オーストラリア、イギリスなどは、鯨油が不要になったら非人道的だと反捕鯨のキャンペーンを張るようになった。これと同じようなパラダイムシフトが起こるに違いない。

そのように聞くと、気の早い人なんかは「いよいよ代替肉の時代がやってきた」と思うかもしれないけれど、既存のシステムを大きく変えることはそう簡単ではない。既存のシステムで生きている人にとって、新システムの導入は死活問題になり、強い抵抗が予想されるからだ。

代替肉がポピュラーになると、畜産業を生活の糧にしている人と代替肉を推進している人の対立が避けられなくなる。代替肉派の過激な人たちは家畜の屠殺を禁じる法律の制定を目指すかもしれず、そうなると政治的な対立が避けられず、ややこしい話になる。何事も一筋縄ではいかないということですな。

農業依存は避けて通れない

微生物タンパク質はちょっと性格が違うが、これまで紹介してきた養殖魚や培養肉、そして大豆など植物由来の代替肉は結局、既存の農業というシステムの上に成り立っている。既存システムをベースにした新技術だ。

魚を陸で養殖しようとも、海で養殖しようとも、飼料はいる。ゲノム編集技術で少ない飼料で育つように品種改良をしたところで、そのような魚をたくさん養殖をすれば当然、莫大な飼料がいる。飼料を作るのは農業だ。

培養肉は培養液の中で増やすから飼料はいらないと思うかもしれないけれど、培養液を作る材料の多くは植物から取り出すわけで、結局は飼料と同様に植物資源に頼ることになる。培養肉が大量に作られ始めたら培養液の材料をどこから調達するかという問題になる。原材料を自給できなければいざという時に、やはり日本人は飢えてしまう。

つまり、飼料や培養液の材料が穀物などの植物性のものであれ、プランクトンや小魚などの動物性のものであれ、結局は地球上の「限りある資源」なので奪い合いがあるということだ。

これまでも説明してきたように、地球上の有機物の生産量には限界がある。その上限がある中で、飼料をたくさん生産すればするほど、他の生物が餌にしているエネルギーを奪っているわけだから、動物や昆虫の絶滅が進行していくことは不可避だ。

これを避ける方法は、「人工光」で植物を作ることだ。野菜工場などがこれに当たる。人工光で植物を生産すれば、それは生態系の中の光合成量とは独立したものなので、野生動物の食べ物を奪わなくて済むという話になる。

ただ、問題はこの野菜工場内の光をどう生み出すのかという話だ。火力発電はまだましな方で、原子力発電も風力発電も環境に相当な負荷を与える。林を切り拓いて林立している太陽光発電は最悪の環境破壊装置だ。

核融合でエネルギーと食料の問題が一気に解決

光合成のための光源には電気エネルギーが必要で、それを生み出すには当然コストがかかる。コストが自然農法よりも高いうちは、野菜工場は普及していかないだろう。

そこで将来的に期待されるのが「核融合発電」だ。

核融合発電は、重水素と三重水素が融合してヘリウムと中性子が生成される過程で放出される膨大なエネルギーを使って発電する装置で、実用化されれば、他の発電装置が不要なくらい大量のエネルギーを供給できる。

だから理想としては、核融合エネルギーを利用した光源を野菜工場の中に設置してこの光で光合成を行えば、作物は完全に自然の生態系から独立して作られることになる。この技術が進めば、穀物の増産のために生態系を壊して畑や田んぼを造成する必要がなくなる。

動物や昆虫の食料を奪わないで済むようになる。

つまり、核融合エネルギーができることで、人間はようやく野生動物と共存・共生ができるようになるわけだ。

しかも、これが実現できると人間はエネルギー問題からも解放される。再生可能エネルギーは枯渇する心配はないが、再三言うように環境負荷が大きいダメなエネルギー源だ。そうかと言って化石燃料は有限なので、いつかは枯渇してしまう。まあ、そう簡単に枯渇することはなくて、あと300年くらいはもちそうだけれど、それでもいつかは確実に枯渇する。原子力発電に使うウランも100年足らずで枯渇すると言われている。

でも、核融合エネルギーに利用する重水素と三重水素は海洋中にほぼ無限にあり、何億年というタイムスパンで枯渇する恐れはない。

つまり、核融合は人類の食料問題だけではなく、エネルギー問題も一気に解決させるだけのポテンシャルがあるってことだ。

人工窒素肥料がもたらした負の側面

科学技術の進歩によって、農業のシステムが変化した最も顕著な例は、窒素の人工的な固定だ。

植物を育てるのには窒素肥料が有効で、昔はこれをどうしていたのかというと、人糞を利用していた。

江戸時代は、「下肥え」を「金肥」と言って、江戸中の人糞を汲み取って、江戸近郊の農家のところまで売りに行く（作物と交換しに行く）職業の人がいたくらいだ。ちなみに、一番高いのは、江戸城の大奥の下肥え。栄養満点でいいものを食べているので、下肥えも栄養があったってことだ。その対極にあったのが貧乏長屋の下肥えだ。ここの住人はみな食べているものも質素だから安く取引されたわけだ。

１００年程前に、空気中の窒素を固定して窒素肥料にするという画期的な技術が開発された。その結果、作物の収穫量が飛躍的に増えた。世界人口の半分は窒素化学肥料で生産された食料で支えられているほどだ。

素晴らしいじゃないかと思うかもしれないけれど、良いことばかりじゃなくて負の側面も出てしまう。これが私が「窒素問題」と呼んでいる現象だ。

究極のSDGsは人口減少

高濃度の窒素肥料を大量に撒けば当然、自然の生態系の中に循環している窒素の量も爆発的に増える。この100年で生態系の中にある窒素の量は倍以上に増えたと言われている。温暖化の原因だというCO$_2$は100年前に300ppmだったのが、400ppmになったぐらいなので、これがいかにすごい増え方かってことがわかる。

じゃあ、生態系の中で窒素が増えると何が起きるのか。何か悪いことが起こるのだろうか。窒素が海水や川に流れ込むと、栄養分が自然の状態より増えすぎてしまう「富栄養化」が起きてしまう。すると、プランクトンが大量発生をする。いわゆる「赤潮」だ。

プランクトンが水中の酸素を消費して、水中の酸素が激減して魚や貝が酸素不足で死んでしまう。あるいは地下水の硝酸イオンが増加して飲用不可となったりする。

人工窒素肥料のおかげで作物の収量が激増し、世界人口が爆発的に増加した。

地球上の資源量は上限が決まっているので、人間がそれを奪ってしまえば、野生動物に回る量は減る。動物や昆虫を、自分たちの手を下して直接殺さなくても、餌や生育環境を奪うことによって「死」に追いやっている。そういうわけで本当の意味でのＳＤＧｓは、人間の数を減らすことなんだ。

日本人の食料問題も、こういう現実を踏まえて考えなくてはいけない。食料自給率38％で、世界的なタンパク源争奪戦が控えている中で、昆虫を食べるのは気持ち悪い、とか贅沢なことは言ってる場合じゃなくなるってことだ。

そこで次章では、まだ我々が「見落としている国産食料」がないのか考えていきたい。

第5章

輸入の前に日本にあるものを食べよう

日本人の自己家畜化の危機

ここまで本書では、日本の「食料危機」は、輸入体制を強化するのではなく国内の自給自足体制を見直すことで回避するべきだという話をしてきた。

食料とエネルギーという限りある資源はどうしても奪い合いになってしまうから、今は日本に肉や魚を輸出してくれる国だって足りなくなれば、それを自国民の食料に回してしまう。だから、いざとなったら自給自足ができるということが大切だ。そのためには米の生産を増やすこと、養殖魚や代替肉の生産強化、そして昆虫食を普及させることが喫緊の課題である。

ただ、実はこういうことを進めていく上で最も大事なのは、日本人の意識を変えていくことだ。まずは自分たちは「家畜」だという事実を真摯に受け止めることだ。

食料自給率38%の日本ではほとんどの人は、自分の食べ物を自分で作らないで、いろいろな国から施してもらって生きているというのが現実だ。

「いや、そうではなく自分は食料を作ること以外で稼いで、食料をお金で買う方に回っているのだ」と貨幣経済とか分業化の話を持ち出す人もいるかもしれないけれど、世界的にすごい大飢饉になればお金よりも現実の食べ物の方が大事だ。戦後のすごい食料難の時に、農家の人たちに頭を下げて、どうにか食料を分けてもらって生きながらえた人は身に染みてわかっていくるだろう。

つまり、日本人は「餌をもらって生きている家畜」と同じであって、自分たちで進んでこのような状況をつくったということでは、「自己家畜化」が非常に進んでいるということなのだ。

完全に家畜化した愛玩犬を自然に放しても生きていくことは難しいだろう。厳しい環境で生きる術を身につけていないし、そもそも餌を取ったことがないからだ。

今の日本人はまさしくこれだ。

海外から「輸入」という名の「餌」が打ち切られた時、食料を自分で確保できないので、大勢が餓死してしまうだろう。

東京都の食料自給率は0%！

日本人は外国から餌をもらえなければ死んでしまう家畜である。まずはこの厳しい現実を受け止める。そうすると、国産食品を作らねばという思いから、米の生産や養殖魚、さらには昆虫食への取り組みへの本気度も変わってくる。

そこに加えて、「自分で何か作って、自分の身の回りのものを食べる」という意識が強くなるので、「地産地消」の重要性がわかってくるだろう。

実は今の日本に欠けているのはここで、「食べ物は世界のどこからか持ってくればいい」という考えが当たり前のようになってしまった。その象徴が東京だ。

農水省の2020（令和2）年度の都道府県別食料自給率によれば、東京都の自給率は0%だ。実は都内でも農家はそれなりにあるし、養鶏などをしている農家もある。だが、約1400万人が食べているものから見ると四捨五入すると0・5%に満たず0%ってことになる。これじゃ流通がストップしたら東京都民はおしまいだ。

しかし、「地産地消」ができている地域はそんな心配はない。例えば、北海道のカロリーベースの自給率は216％もある。国で言えば、オーストラリア以上である。つまり、北海道は地域の人々に食料を供給したうえで、さらに国内の別の地域や、海外に食料を輸出する余裕があるってことだ。

東京や大阪などの大都市圏があるところは難しいが、自給率が100％以上の地域で「地産地消」をすれば、少なくともその地域では餓死する心配はない。

フードマイレージ：輸送費をかけず近くにあるものを食べる

じゃあ、どうやってこの「地産地消」を進めていくか。

まず必要なのは、フードマイレージという言葉があるように、輸送費をかけずに近くにあるものを食べるということから始めるべきだろう。

そのためには、日本人にその食べ物が運ばれてきた「距離」を意識させたらどうかと思う。

昔、イギリスにちょっといた時、スーパーで面白いキャンペーンをしていた。食べ物に距離が書いてあるんだよね。例えば、魚に「100㎞」とか書いてある。産地から100

㎞かけて運んできたということだ。つまり、この店頭に並ぶまでに、１００㎞分の時間とお金がかかっているってことを「見える化」しているわけだ。

もし今、日本のスーパーでそれをやったらすごいだろうね。ほとんどの食品を海の向こうから運んできているので、何千㎞とかの表記だらけだろう。

今みたいにグローバルキャピタリズムが跋扈《ばっこ》していると、１つの生産国で効率よく作って、それを輸送して世界中に配るというやり方になっちゃうんだけれど、そうなると結局エネルギーがかかるし、環境負荷も大きいし、日本の場合はどんどん食料自給率が下がっていく。

だから、やっぱり近くで作ったものを食べた方がエコロジカルだ。

「地産地消」を進めると、最終的に資本主義と衝突してしまうけれど、資本主義が常に正しいとは限らない。

もちろん、牛や豚などを「地産地消」でしか食べられないなんて話になったら、東京都民はみんな飢えてしまう。

また、日本全国の特産品は「地産地消」じゃなくて、全国区で人気があって、観光資源になったりしていることで売れていることもあるから、なんでもかんでも「地産地消」が一番いいというわけではないけれどね。

だからといって何もしないでいると日本の食料事情はどんどん深刻になる。そのためにまずは自分たちが毎日食べているものが一体どれだけ遠くから運ばれているかに気づいて、「地産地消」や少なくとも国産品の重要性について少しでも考えることが必要だ。

生活のそばにあるものを食べるのは体にはいいこと

では、具体的に「地産地消」をどう進めるのかというと、まずは自分たちの身の回りのもので食べられるのに食べていないものを再確認することが必要だろう。

前の章でカラスやハクビシン、ブラックバスなんかも食べられるってことを紹介したけれど、他にもまだまだ食べられるけれど放ったらかしにしている食材がある。

特に害虫や害獣は、駆除して食べてしまうのが一番いい。もともと稲作をしながら害虫であるイナゴを食べるのは害虫駆除と食料確保という一石二鳥だったからだ。だから今、日本の生態系を侵略している外来種などで食べられるものは、捕まえて食べてしまうのが一番いい。

例えば、特定外来生物になっているアメリカザリガニだ。

実は世界ではザリガニは人気食材だ。アメリカも地域によってザリガニ料理がある。中国料理やフランス料理でもザリガニは食材の一種で、日本国内の中華料理店やフランス料理店でも実際に提供をしている。私がオーストラリアに行った時、現地ではヤビーと呼ばれるザリガニがフィッシュマーケットで売られていた。

そんなザリガニ、実は太平洋戦争後の日本でもよく食べたのだ。私くらいの年代の人はザリガニを食べた経験のある人も多いだろう。とにかくたくさんいたので、私も親父と一緒に行って１００匹とか２００匹とか釣ったものだ。

捕獲したザリガニは綺麗な井戸水につけておくと、泥臭さが抜けるので、あとはエビと同じようにお尻の部分を天ぷらなんかにして食べる。見た目もそうだけれど、エビの天ぷらとあまり変わらない。

食べなかった上半身は鶏の餌にもなる。私の家では当時、卵を産んでもらうために鶏を飼っていたんだけれど、ザリガニをあげると喜んでバリバリ食べていた。鶏は雑食で、あれくらいの殻はぜんぜん平気だ。しかも、カルシウムが豊富に摂れるので、丈夫な卵を産むようになる。

そういう意味では戦後の日本では、近くで捕ったアメリカザリガニを食べて、鶏の餌にして、卵を産ませてという感じで、ほんの一部ではあるんだけれど、「地産地消」があったわけだ。

ウシガエルも元は食用として輸入して野生化したもの

あと、外来種で食べてしまった方がいい生物は、ブラックバスとウシガエルだ。ブラックバスについては既に述べたので、ここではウシガエルについて話す。

カエルと聞くと、昆虫以上の嫌悪感を抱く人も多いかもしれない。虫と並んで両生類も「気持ち悪い」なんて忌み嫌われている生き物だからだ。

ただ、ザリガニと一緒で、カエルも海外では普通に食材として食べられている。

中国、ベトナム、インドネシアなどではカエルは普通の食材で、タイの屋台でも揚げたものがよく売られている。

だいたい脚が使われるが、食べてみると鶏のささ身みたいな感じで、むしろ鶏肉より淡泊な味で、決してまずくない。そんなゲテモノを食べる国があるなんて信じられないと思うかもしれないけれど、実はもともと日本に持ち込まれたのは「食材」として養殖するためだったのだ。

大正時代の1918年、日本の今後の食料問題を解決するとともに、農家が副業として養殖できるということで、アメリカのニューオリンズからウシガエルが持ち込まれた。当時からウシガエルはニューオリンズやルイジアナなどでは普通に食べられていて、元はと言えばフランス料理でカエル（ウシガエルではない）を食べる風習がアメリカにも伝わったからだとされている。

ちなみに、その後の1927年にウシガエルの餌として日本に持ち込まれたのが、アメリカザリガニだったんだ。

戦前は大きなカエル養殖所なんていうものもできて、アメリカ向けの輸出品としてかなり外貨を稼いでいたんだけれど、日本国内では「カエル食」はほとんど定着しなかった。

当時の日本人は家で鶏を飼っている人も多かったし、海や川の魚もあったし、イナゴやカイコなどの昆虫まで食べていてタンパク源には事欠かなかったので、わざわざカエルを食べようという気が起きなかったのかもしれない。戦後アメリカでカエル食の人気がなくなり、養殖業も廃れてしまった。

外来種を食べて「地産地消」を実行

ただ、問題はそれからだ。当時は外来種を放してはいけないという考えがなかったので、養殖所からかなりの数のウシガエルやザリガニが捨てられたり逃げたりして野生化した。この2種は繁殖力が強いので爆発的に増えてしまったわけだ。

それならばウシガエルも積極的に食べればいい。この特定外来種を駆除すれば、日本の生態系の保全にも多少は役に立つので、一石二鳥だ。

外来種を食べて「地産地消」を実際に実行している人たちもいる。

例えば、山形県鶴岡市のラーメン店では、豚骨スープ風味のラーメンにアメリカザリガニの粉末が振りかけられた「ざりっ粉パイタンらーめん」が期間限定で売られた。これはトッピングに、ウシガエルの肉のソテーと塩ゆでされた真っ赤なアメリカザリガニが添えられている。

また、同じ山形県三川町《みかわまち》ではフランス料理店のランチに、ウシガエルの肉のソテーとアメリカザリガニのスープが提供されている。サリガニはオマールエビのようにうまいと好評だ。

じゃあなぜ山形でこんなことをしているのかというと、自治体が湿地帯の保全事業として、外来種であるアメリカザリガニやウシガエルの駆除に取り組んでいて、それを地元の飲食店に提供をしているのだ。

アメリカザリガニよりも大きいウチダザリガニという外来種もいて、この種は冷水を好み、北海道や本州の一部で増殖しているようだ。これはとても美味しいようで、食べて駆除するのが一番いい。

外来種は捕獲すると殺処分するのが一般的だけれど、食べられるものなんだからどんどん食べた方がいい。外来種問題の啓発にもなるから、こういう取り組みはどんどんやってほしいと思う。「地産地消」と言えば家の周りの野生の昆虫などもあるが、特定の種以外はたくさん採れるものではないから、あまり腹の足しにはならないかもしれない。どんな昆虫が食べられるかは内山昭一さんの『楽しい昆虫料理』などを参照してほしい。

うちの裏山の赤いキノコは毒キノコ⁉

あと、身近にある食べられるものと言えば、木の実とか山菜とかキノコもある。

日本は山が多いから、そういう食料をもっと本気になって活用した方がいい。特にキノコは食べられるものでも、その土地の習慣で食べられないと思われているものがたくさんある。

例えば、私が今の家に住み始めたくらいの時に、裏山に行ったら真っ赤なキノコがいっぱい生えていた。これはタマゴタケといって、ヨーロッパでは「帝王のキノコ」と呼ばれているもので、食べられるキノコだ。だから、それをたくさん採って籠に入れていたら、地元の人が見てこう言った。

「そんなキノコ食べたら死んじゃいますよ」

私は「そうですか」と適当に相槌を打って、キノコを持ち帰った。たくさん食べたけれど当然、気持ちが悪くもならなければ腹も痛くもならない。つまり、この土地では、タマゴタケは食べられないと思われていたのだ。

キノコ食の文化にも地域性があるから、場所によってはこのように食べられるキノコを放置しているケースもある。だから、そういう野生のキノコに対する知識が一般の人に広まれば、キノコも「地産地消」の有力候補になりそうだ。

実際、裏山のタマゴタケもしばらくは私が独り占めしていたんだけれど、ある時、キノコを採っている時に若い人たちがやってきて、「このキノコ食べられるんですか？」と質問されてうっかり「食べられるよ」と教えてしまったら、次の年くらいからタマゴタケが減ってしまった。

キノコでも山菜でも木の実でも、食べられるとわかれば好奇心のある人は食べるんだよね。

あの時、若い人たちに「研究のために調べているんで、これは食べない方がいいですね」って言っておけばよかったかな。

食べられるかどうか見極める知恵を持つ

ただ、一般の人からすれば野生のキノコを食べるというとちょっとハードルが高いかもしれない。キノコといえば、スーパーでパックされて売っているのが当たり前だから抵抗もあるし、何よりも毒が怖いという人もいるだろう。

私のようにキノコ狩りが趣味だと、よく勉強して食べられるキノコを覚え、それ以外のキノコには手を出さないが、そうじゃない人ならば目の前のキノコが食べられるかどうか迷ってしまうだろう。

そこで簡単な見極め方を教えよう。まずキノコの一部を小さくもぎ取って、口の中に入れてカミカミして味見をするのだ。

それですぐにペッペッって吐き出せば、たとえそれが毒キノコでも大丈夫だ。

口の中でくちゅくちゅ嚙んでみて、少しでも変な味がするやつは危険だ。そうじゃないのならとりあえずほんの少しだけ食べてみる。食べる時は生で食べないで必ず火を通すことが大事だ。

それで何ともなかったら、次の日は多少量を多くして食べてみる。それで何ともなかったら、次の日はもっとたくさん食べてみよう。そこではじめてこのキノコが食べられるものだとわかる。

しかし、変な味がしないキノコでも毒があることもあるので注意しよう。ベニテングダケなんてものすごくうまいけれど、かなり毒があって、食後30分ほどで幻覚が生じたり、興奮状態になったりして、下痢や嘔吐、腹痛などが起きる。死ぬことはまずないけれど食べない方がいいことは確かだ。

ただ、これもやはり個々人の耐性みたいなものがあって、私の友人はベニテングダケを見つけると大喜びで焼いて食べているが中毒したことはないという。

また、湯通しをすることも有効だ。キノコの中の毒成分が出るので、そのお湯を捨ててしっかり洗えば毒があってもかなり薄まる。でもこの時、毒と一緒にうま味成分であるアミノ酸なんかも出てしまうので、キノコ自体の味はかなり落ちてしまう。

いずれにせよ、こういう方法はやはり絶対に安全だとは言えないもので、山で遭難して飢え死にしそうな時などの緊急事態は別として、平時のキノコ狩りはキノコに詳しい人と一緒に行くか、キノコの図鑑などを持参することをお勧めする。

「飽食の時代」ではなく現代人が「飽食生物」になっている

このように多くの人が自分の身の回りにあるもので食べられるものを食べていくことを進めていけば、「地産地消」という考え方も普及するだろう。

そうなれば、地域でもっと米を生産することの重要さも、海が近くない地域では陸上養殖の必要性も感じられるようになる。タンパク源を確保するためには、家畜の飼育以外にも、昆虫食やジビエなどの選択肢も検討してみようということになる。

つまり、自分の身の回りにあるものを食べるという「地産地消」が、日本の食料問題を改善していくための最初の一歩になるということなのだと思う。

そして、もうひとつ必要なのが、日本人の食料事情の「改革」だ。それは、「食べ過ぎをやめる」ということである。

現代人はどう考えても食べ過ぎだ。朝飯を食べてからコーヒーやらお菓子を飲んだり食べたりして、また昼飯にラーメンなどの高カロリーなものを食べて、午後もお茶だスイーツだと常に口に何かを放り込んで、それから休む間もなく晩飯だ。

こんなに高カロリーな食料補給をしている生物は、自然界にはいない。「飽食の時代」なんて言うけれど、時代のせいじゃなくて我々人間自身が「飽食生物」になってしまっているんだ。

じゃあ、どうすればいいのかというと、「あんまり食わないほうがいい」というシンプルなことに尽きる。

今、人間は必要量の1・5倍ぐらい食べていると言われていて、いろいろな研究でもカロリー制限をした方が栄養が足りている限りは長生きするんじゃないか、ということはほぼわかっている。なぜはっきりわからないかというと、これはあくまで動物実験で得たデータだからだ。

人間を強制的にカロリー制限下においてどこまで生きるか追跡確認するなんて研究は、人道的に許されない。だから、あくまで動物のカロリー制限の実験結果から推測したものである。

「食べ過ぎ」をあらためるだけでも食料自給率は上がる

日本人全体が食べ過ぎているので、栄養をしっかり摂りながらも食べる量を2割ほど減らしていく。そうなるだけでも食料自給率はちょっと上がっていくだろう。

ただ、これを「意識」して減らすことは難しい。人間というのは一度味わった贅沢さ、便利さなどを自ら手放すことが難しい生き物だ。食料が溢れている限り、「食べ過ぎ」という問題は解消できない。

しかも、現代人がやっかいなのは、ものを食べることで飢えを解消するというよりも、むしろ「脳が快楽を得る」ために食べるということになってしまっているからだ。

つまり、腹が減ったから食べるというよりも、脳が気持ちよくなるために食べるという「食べ物依存症」になっているのだ。

その象徴がテレビの「大食い番組」だ。芸能人や大食いタレントが、自分の限界まで料理を食べる番組があるが、なぜこういう企画があるかというと、当然みんなが見るからだ。SDGsが大事だとか言っても、うまいものをたくさん食べている姿を見るのは、一種の快感なんだろうね。

今更言うまでもないことだけれど、大食いというのは本当に「エコ」ではない行為だ。食べ物を全部食べているから粗末にしているわけではない、という人もいるけれど、大食いの人は食べたものをほとんど消化しないで出している。体の中を通しているだけだ。大食いの人があんまり太っていないのはこれが理由だ。

つまり、大食いの人はどんな料理でも腹の中を素通りさせてうんこにしているだけであって、その人にとっての栄養にもなっていない。生物として見ると、「大食い」はすごく無駄で、自然に反した行為なんだね。

現代人は「食べ物依存症」

でも、大食いの人は喜んで大食いをしている。そして、テレビでそれを見ている人たちもなんとなく楽しんでいる。

これはなぜかというと、人間というのは実は食べ物を口で食べているだけではなく、「脳」で食べているからだ。

美味しいものを食べると、脳のA10神経が刺激され、「ドーパミン」という神経伝達物質が分泌されて快感が生じる。普通は腹一杯になるとこの刺激も止まるんだけれど、大食いの人の場合、脳はこの刺激を求め続けて、体が求めていないのに食べ続けてしまう。

これは精神医学的には「依存症」という状態だ。

ニコチン依存症、アルコール依存症、薬物依存症、セックス依存症などいろいろな依存症があるけれど、すべてに共通するのは、脳が快楽を求めて抑制が利かないので、自分の意思では止められないってことだ。その「食べ物」版にかかっている現代人は多い。

例えば、私の知人の一人は、業務用の大きなポップコーンを好きでよく買うらしいんだけれど、なくなったら心配だからともう1袋買っちゃうそうだ。それで家に帰って食べるんだけれど、気がついたら予備の袋も開けていて結局、2袋分を食べてしまうらしい。食べない方がいいと頭ではわかっているんだけれど止められないんだと言っていた。これは典型的な「食べ物依存症」だね。

この依存症が恐ろしいのは、脳が快楽の奴隷になっているので、体がボロボロになってもやめられないことだ。この人も「食べちゃいけない」と思いながら食欲が止まらず、その結果かなり太っている。

私は酒飲みなので、よく周囲から「アルコール依存症」なんて嫌味を言われるが、本当のアルコール依存症になると仕事も日常生活もままならない。脳が酒を求めるので、自分の力では止められないのだ。朝から晩までずっと飲んでしまって、肝臓病などで体を壊してしまう。私は36年間、毎日酒を飲んでいるけれど、夕方にならなければ飲みださないので、依存症ではないのだ。

酒でも薬でも依存症の人は、常に頭の中がそのことだけしか考えられない状態になっている。そういう意味では、朝から晩までずっと高カロリーで味の濃い食べ物を食べて、「晩飯は何を食べようか」「テレビで紹介されたあの店に行ってみたい」と常に考えている人たちは「食べ物依存症」になっているに違いない。

「食べ物依存症」に食料危機を説いても響かない

「食べ物依存症」が日本の食料問題がなかなか改善されない理由のひとつではないかと思う。アルコール依存症の人に、データを示して「このまま酒を飲み続けたら死ぬ確率が高いのでお酒をやめましょう」と説いたところで馬の耳に念仏だ。酒で頭がいっぱいで、酒を飲むことでもたらされる快楽の奴隷だからだ。

それと同じで、「食べ物依存症」で常に「うまいものを食べる」ことで頭がいっぱいの日本人に、食料自給率が38%というデータを示して、「このままじゃ何かあったら飢えるのが確実なので、昆虫食など新しい食料確保に動きましょう」と説いてもまったく心に響かないのだろうな。

しかも、現時点では日本には捨てるほど食べ物が溢れかえっている。実際、レストランや居酒屋、スーパーやコンビニでは毎日すさまじい量の食料が廃棄処分にされている。食料自給率38%で輸入を打ち切られたら大変なことになる、と言われてもすぐに自分に結びつけることはできない。多くの人は、別世界の話だと思うだろう。

しかし、これまで本書で述べてきたように、それは幻想に過ぎない。世界規模の飢饉が起きたら、みんな自分の国民が大事なので日本への食料の輸出などは簡単にストップされる。グローバルサプライチェーンの構築なんて話が幻想だということを、日本人はその時になってはじめて知ることになるだろう。

また、日本国内で大きな自然災害が起こり、国内の流通がめちゃくちゃに分断されて、地域によっては食料がまったく入ってこなくなってしまうことだってありうる。

例えば、富士山が爆発して、首都圏に火山灰が降り積もったら、トラックもすべて走れなくなってしまう。復旧するまでかなり時間がかかる中で、食料自給率0%の東京はかなりやばいことになる。飲食店やコンビニやスーパーにいつも食べ物が溢れているのは、膨大な数のトラックが絶えることなく食料を運び続けているからだ。それがブツッと途絶えるわけだから、商品棚は空になってすぐに食料不足に陥る。

その時になってはじめて日本人は、食料の大切さを認識するかもしれない。

あとがきにかえて

――国民を飢えさせる政治家こそが最大の「危機」

人間はどうしても、その時になってみないとわからないことがある。頭ではわかっているることでも、いざ実際に自分が体験してみないことには、いまいち実感がないので真剣味が足りない。

これはどうしようもないことではあるけれど、食料とエネルギーに関してはそういう甘いことを言っていると、いざとなった時に多くの人の命が失われてしまうだろう。前の戦争で負けたのは、この2つを確保できなかったことが大きい。

裏を返せば、食料とエネルギーさえあれば、孤立しても何とか生き延びられるってことだ。その2つを何とか確保して日本人を飢えさせないということが、政治の責任なのだ。これが最大の安全保障なのだ。軍備をいくら増強しても食料もエネルギーも増えない。

しかし、日本の政治家たちは、自分たちの票欲しさのために、減反なんて愚かな政策をずっと続けて、国産の食料の生産体制を壊滅的に破壊し、食料自給率を低下させてきた。また、養殖魚や昆虫食のようなこれからの食料になるものを国策として推進するつもりもないようだ。いざとなった時に、日本人が飢えないような安全装置はまったくない。

食べ物とエネルギーは利権がいろいろ絡んでくるので、日本の政治家たちはどうしてもその利権に目がくらんで、国民の利益そっちのけで、自分たちの利益を確保することに血眼になっている。そうして財を築いておけば、食料が足りなくなった時も自分たちだけは何とかなると思っているわけだ。

肉や魚などの輸入食材が入ってこなくなって、価格が高騰して貧乏人がたくさん飢えていても、「自分とその家族は助かるだろう」という思いがあるので、利権やしがらみを断ち切って、本気で日本の自給率を上げようなんて考えない。そんな政治家ばっかりになってしまった。

「そうではない」と言う政治家は、本書で提言したものをひとつでもいいので実現してもらいたい。

そうすれば、食料自給率は確実に上がるはずだ。
個人や自治体・企業の地産地消の取り組みだけではやはり不十分だ。未来の日本人を飢えから守るためにも、心ある政治家は、米の生産強化や昆虫食という課題にぜひ手をつけてもらいたい。

2023年10月

池田清彦

[著者略歴]
池田清彦（いけだ・きよひこ）
1947年、東京生まれ。生物学者。東京教育大学理学部生物学科卒、東京都立大学大学院理学研究科博士課程生物学専攻単位取得満期退学、理学博士。山梨大学教育人間科学部教授、早稲田大学国際教養学部教授を経て、現在、山梨大学名誉教授、早稲田大学名誉教授、TAKAO 599 MUSEUM名誉館長。
専門の生物学分野のみならず、科学哲学、環境問題、生き方論など、幅広い分野に関する約100冊の著書を持ち、近著に『ＳＤＧｓの大嘘』（宝島社新書）、『専門家の大罪』『驚きの「リアル進化論」』（扶桑社新書）、『自己家畜化する日本人』（祥伝社新書）等がある。
フジテレビ系「ホンマでっか!?ＴＶ」にも出演する等、テレビ、新聞、雑誌等でも活躍している。また、「まぐまぐ」でメルマガ「池田清彦のやせ我慢日記」、YouTubeとVoicyで「池田清彦の森羅万象」を配信中。

編集協力：窪田順生
カバー写真：kikisorasido/PIXTA

食料危機という真っ赤な嘘

2023年11月10日　第１刷発行

著　者　池田清彦
発行者　唐津 隆
発行所　株式会社ビジネス社
〒162-0805　東京都新宿区矢来町114番地 神楽坂高橋ビル5階
電話　03(5227)1602　FAX　03(5227)1603
https://www.business-sha.co.jp

〈装幀〉大谷昌稔
〈本文組版〉マジカル・アイランド
〈印刷・製本〉大日本印刷株式会社
〈営業担当〉山口健志
〈編集担当〉近藤 碧

ISBN978-4-8284-2573-3